ÉTUDE

SUR LES

PROPRIÉTÉS MINIÈRES DE M. A. I. DEROW

(SIBÉRIE MÉRIDIONALE)

PARIS

IMPRIMERIE ET LIBRAIRIE CENTRALES DES CHEMINS DE FER

IMPRIMERIE CHAIX

SOCIÉTÉ ANONYME AU CAPITAL DE CINQ MILLIONS

Rue Bergère, 20

1897

ÉTUDE

SUR LES

PROPRIÉTÉS MINIÈRES DE M. A.-I. DÉROW

(SIBÉRIE MÉRIDIONALE)

PARIS
IMPRIMERIE ET LIBRAIRIE CENTRALES DES CHEMINS DE FER
IMPRIMERIE CHAIX
SOCIÉTÉ ANONYME AU CAPITAL DE CINQ MILLIONS
Rue Bergère, 20
1897

ÉTUDE

SUR LES

PROPRIÉTÉS MINIÈRES DE M. A.-I. DÉROW

(SIBÉRIE MÉRIDIONALE)

AVANT-PROPOS

L'étude des propriétés minières de M. Dérow dont nous avons à rendre compte, comporte un caractère très particulier, du double fait de la multiplicité des gisements qui les composent et de l'immense étendue des territoires où ils sont distribués; comme d'autre part ces régions sont restées jusqu'à ce jour non seulement fermées à tout mouvement industriel mais encore à demi sauvages et à peu près complètement inconnues des explorateurs, nous serons obligés de donner quelque développement à la partie descriptive, pour aider à l'intelligence du régime économique des industries qui sont appelées à s'y établir.

Il importe tout d'abord de faire connaître le propriétaire de ce riche domaine minier et d'indiquer comment il a été amené à le constituer.

M. Dérow, fils de marchands moscovites a pris en Sibérie dans la petite ville de Pavlodar la suite du commerce de son beau-père, lequel trafiquait spécialement avec les populations nomades de Kirghiz qui occupent le vaste territoire situé entre la frontière chinoise et la ville de Pavlodar. Foncièrement religieux et d'un caractère énergique sous les dehors du mysticisme, il a apporté dans ses transactions une honnêteté scrupuleuse qui a rapidement développé son négoce et élevé le chiffre d'affaires de ses divers comptoirs jusqu'à 2 millions de roubles. Il en a tiré des revenus considérables qu'il a dépensés généreusement en institutions charitables, en constructions d'églises et d'écoles.

C'est dans ses transactions avec les Kirghiz que ceux-ci lui ont apporté tous les échantillons de minerais remués dans la steppe par le sabot de leurs chevaux, et qu'il a pu traiter avec eux des droits d'exploitation des terrains minéralisés; transactions peu commodes avec des populations jalouses de leur indépendance et peu soucieuses de voir l'étranger s'établir dans leurs domaines.

Depuis ces dernières années, il a cédé un certain nombre de ses comptoirs à ses principaux employés et s'est plus spécialement consacré à la prospection de ces divers gisements.

Le développement de ses travaux, combiné avec l'ouverture du Transsibérien au delà de la ville d'Omsk, l'amènent à demander à des capacités financières et techniques la mise en valeur de son œuvre.

Ajoutons, pour être complet, que M. Dérow paraît guidé moins par une idée de lucre, que par le légitime orgueil de donner au désert qui l'a enrichi, la fertilité industrielle que comportent les richesses minérales du sous-sol.

PREMIÈRE PARTIE

Géographie.

Le territoire qui nous occupe est situé directement au sud de la ville d'Omsk et forme la division administrative du gouvernement de Sémipalatinsk. Il est longé, sur toute sa limite Est, par la rivière Irtisch, qui est navigable pendant plus de six mois de l'année, et que les bateaux peuvent remonter sans encombre jusqu'à la ville de Sémipalatinsk, à 750 kilomètres d'Omsk (1). Ce cours d'eau sera l'unique véhicule des industries à créer, et un coup d'œil jeté sur la carte (annexe n° 1) indique son importance.

Courant au nord-nord-est, la rivière franchit, à Omsk, la ligne ferrée transsibérienne, au croisement de laquelle elle laissera les houilles destinées au chemin de fer et les produits qui devront prendre, par voie ferrée, la direction de l'est et de l'ouest. De là, s'infléchissant vers Tobolsk, elle trouve comme affluents les rivières Toura et Tavda, qui desservent différents centres industriels de l'Oural ; à la hauteur du 61ᵉ parallèle, elle se jette dans l'Obi qui vient déboucher au fond du golfe de Obskaya Gouba.

Cette région de l'Océan Glacial arctique n'avait pas été fréquentée jusqu'ici par la grande navigation; encouragée par le Gouvernement russe, qui avait dégrevé de tous droits de douane certains produits débarquant à l'embouchure de l'Obi, une expédition anglaise a amené cette année avec succès trois bateaux au fond du golfe.

L'ouverture et la fréquentation de cette route maritime seraient d'une importance très considérable pour les intérêts économiques de la région, tant pour le débouché des blés sibériens que pour l'importation des matières nécessaires à cet immense pays sillonné de rivières, qui constituent le véritable réseau des moyens de transport, auquel le Transsibérien assure simplement une liaison transversale.

En ce qui concerne particulièrement l'avenir des industries qui nous occupent, il y a là également un intérêt majeur au cas où le développement possible

---

(1) Signalons cependant qu'en amont du point où sera établi le dépôt des houilles, et jusqu'à Sémipalatinsk, la navigation n'est pratique que pendant les hautes eaux du printemps. En été, des bancs de sable et quelques brisants s'opposent au parcours des chalands de fort tonnage.

des exploitations procurerait une production métallurgique supérieure à la consommation intérieure et susceptible d'exportation, comme le plomb et le cuivre. Bien que la distance entre Sémipalatinsk et l'embouchure de l'Obi soit considérable (environ 2.500 kilomètres), le fret à la descente, d'après les armateurs que nous avons consultés, serait inférieur à 20 francs la tonne depuis Pavlodar ; il serait encore diminué si les bateaux étaient sûrs de leur fret de retour. Il y a donc là un point de vue éminemment intéressant et qu'il est utile d'enregistrer.

Disons, en terminant ce chapitre, que la navigation s'effectue au moyen de grandes barques de 1.000 à 2.000 tonnes, remorquées par des bateaux à aubes de 150 à 200 chevaux. Les conditions de la navigation sont convenablement assurées par des balisages et des postes échelonnés le long des rives qui indiquent à chaque bateau, au moyen de signaux, la profondeur des eaux. Bien entendu, le moment le plus favorable à la navigation est celui de la fonte des neiges qui commence d'ordinaire au 15 avril. En automne, où les eaux sont basses, on est parfois obligé de ne donner aux chalands que moitié charge ; mais, sur tout le parcours qui nous intéresse, la navigation n'est jamais interrompue que pendant la période des glaces soit pendant environ cinq mois de l'année.

Une flottille de plus de trente vapeurs dessert le parcours de Sémipalatinsk à Tobolsk.

Topographie.

Les descriptions topographiques n'allongeront pas notre texte. Tout le territoire que nous avons parcouru sur 1.200 kilomètres, depuis Omsk jusqu'au lac Balkach, n'est qu'une immense plaine, sans ondulations plus marquées que celles des vagues d'une mer peu tourmentée. Deux uniques poussées de granit dressent à Bayanovo et à Karkaralinsk de petits massifs montagneux boisés, de 200 à 300 mètres d'altitude, qui constituent de véritables oasis.

Jusqu'à Pavlodar, c'est-à-dire sur les 400 premiers kilomètres à partir d'Omsk, la plaine se prête à la culture des céréales, et des villages de cosaques sont répartis le long de l'Irtisch en moyenne tous les 30 verstes. A Pavlodar commence à proprement parler la steppe des Kirghiz : l'humus a disparu, l'herbe est rare et clairsemée et l'on peut parcourir plus de 200 verstes sans apercevoir même la fumée d'une yourte.

Pendant l'été, l'eau superficielle est rare en dehors des nombreuses nappes salées ou sodiques. Les ruisseaux qui courent pendant l'hiver de l'un à l'autre de ces lacs sont à sec durant la belle saison et l'eau potable fait généralement défaut. Cependant on nous a assuré, et nous avons pu constater, que des puits creusés au voisinage des thalwegs trouvent l'eau à une faible profondeur : c'est grâce à eux que les Kirghiz peuvent entretenir leurs troupeaux.

Géologie.

Dans ces mornes horizons qui ne sont déchirés par aucune fracture apparente, les déterminations géologiques sont peu commodes. Elles n'ont du reste qu'un intérêt secondaire et ne nous seront utiles qu'au point de vue de la formation des gisements que nous étudierons plus loin. Nous dirons simplement, comme indication générale, que l'ensemble du territoire paraît être une immense croûte trachytique trouée, soit par des veines de granit, soit par des filons de quartz ou de serpentine qui ont été les véhicules de la minéralisation.

Les horizons sédimentaires y sont rares et il est intéressant de remarquer que nous n'avons trouvé de calcaire que dans le voisinage des gisements de plomb et de houille.

Population.

La question ouvrière méritait une enquête d'autant plus approfondie que l'absence de toute agglomération et les interminables solitudes traversées sans rencontrer aucun être humain, paraissaient infirmer les assurances qu'on nous donnait sur l'abondance et le bon marché de la main-d'œuvre kirghiz. On verra par ce qui suit que nos craintes n'étaient pas justifiées.

Les statistiques du Gouvernement de Sémipalatinsk pour une superficie de 442.000 verstes carrées accusent une population de 615.000 âmes dont la répartition, assez curieuse à examiner s'établit comme suit :

Nobles	1.506
Prêtres	394
Marchands et artisans	23.100
Paysans.	12.650
Anciens soldats et soldats.	8.747
Cosaques	29.458
Kirghiz	538.184
Divers	1.221

Sur cet ensemble de . . . . 615.260 habitants,

90 0/0 sont de religion musulmane. On voit donc que la presque totalité des habitants est Kirghiz ou Tatar. La proportion des hommes étant de 54 0/0 et le

plus grand nombre des Kirghiz étant distribués sur notre territoire minier, on peut compter qu'il est habité par 200.000 hommes sur lesquels nous aurons à prendre notre contingent ouvrier.

Il ne nous paraît pas inopportun d'indiquer brièvement ce qu'est cette population Kirghiz fort peu connue, sur laquelle un compatriote que nous avons rencontré dans notre expédition, chargé de mission ethnographique par le Gouvernement français, est en train de recueillir des documents qu'il publiera sans doute prochainement.

Pour nous cette population est un mélange de Tatars et d'autochtones du Turkestan. Les types très caractérisés de la fusion de ces deux races ne permettent pas de s'y tromper; de plus la langue emprunte la plus grande partie de ses mots aux vocabulaires turc et tatar.

La religion musulmane qui est la seule professée, est très attiédie et se limite à l'observation de quelques pratiques extérieures. Les femmes n'y sont pas voilées mais la polygamie est permise; il est à remarquer qu'ils n'enfreignent pas les prescriptions du Coran relativement à l'usage des alcools et ne boivent que du lait de jument légèrement fermenté. Les Russes ont défendu depuis quelques années l'entrée du territoire aux imans étrangers qui pourraient entretenir et réchauffer les croyances du prophète, de là le relâchement de la foi.

Cette population qui vit exclusivement du produit des troupeaux et surtout de l'élevage des chevaux n'est que partiellement nomade en ce sens qu'elle est répartie en 754 communes groupées elles-mêmes en 83 cantons; ceux-ci se sont partagé la jouissance de la région en pâturages d'été et d'hiver et ils émigrent des uns aux autres suivant les saisons.

L'administration impériale ne s'ingère pas dans l'existence sociale des Kirghiz et se borne à encaisser un impôt annuel de 6 roubles par yourte, la justice russe n'intervenant qu'en cas de conflit entre Russes et Kirghiz.

Chaque commune est administrée par un chef nommé à l'élection et ceux-ci désignent à leur tour les chefs de district.

Régime de la propriété et des concessions.

Les Kirghiz sont considérés comme légalement propriétaires des régions qu'ils habitent pendant l'hiver, et ces terrains se transmettent héréditairement de famille en famille suivant certaines règles établies par la coutume des communes. Sur cette catégorie de territoires les recherches ou travaux de mine ne peuvent être effectués sans l'assentiment de la commune et contre redevance débattue à l'amiable. Jusqu'en ces derniers temps les communes avaient le droit de céder ces privilèges pour une durée indéterminée; une loi de 1893 l'a limité à trente ans. Les contrats ainsi conclus sont soumis au visa et à l'enregistrement de l'administration des mines, auprès de laquelle on doit ensuite remplir toutes les formalités ordinaires prévues par la loi des mines pour l'obtention des permis de recherches et des concessions.

Il est à noter que l'on peut se réserver avec les Kirghiz le droit exclusif d'exploitation sur de grandes surfaces, sans cependant demander de suite la concession de l'ensemble, qui entraîne l'obligation de payer au Gouvernement une redevance de un rouble par hectare; il suffira de demander ces concessions au fur et à mesure que les besoins de l'exploitation l'exigent. Pour les pâturages d'été, il n'y a pas lieu à entente préalable avec les Kirghiz et il suffit de se mettre en règle avec la loi des mines (1).

Question ouvrière.

On peut se demander pourquoi ce peuple exclusivement pasteur, auquel l'alcool est défendu par la religion et sans autre besoin que le produit de ses troupeaux, se pliera au travail des mines et ne lui préférera pas l'oisiveté de la steppe. La raison en est que, contrairement à ce qu'on pourrait supposer, il y a beaucoup de Kirghiz pauvres.

En effet, pour qu'une famille puisse vivre, il lui faut au moins deux vaches et vingt à trente chevaux, dont plus de la moitié de juments. Or, les épizooties sont assez fréquentes; de plus, comme ils ne font aucune provision d'herbage pour l'hiver, il arrive parfois que la croûte de neige gèle assez durement pour que les chevaux ne puissent la percer de leur sabot afin de chercher au-dessous leur maigre pitance. Quand ce phénomène se produit, la faim détruit un grand nombre d'animaux, ou plutôt les Kirghiz font large chère avec les pauvres bêtes et se retrouvent à la fin de tels hivers privés de toute ressource. Le chef de commune ou de district qui répond de l'impôt fait des avances usuraires et a vite réduit à merci le pauvre diable qui n'a d'autre ressource que d'aller se louer aux Cosaques ou d'alimenter la paresse des riches Kirghiz par un travail non rémunéré.

C'est dans cette catégorie d'individus que se rencontrent les ouvriers. Nous en avons vu beaucoup employés par M. Dérow. Ce sont des travailleurs dociles et peu exigeants. **Leur salaire varie de 10 à 12 roubles (27 à 32 francs)**

---

(1) On trouvera à nos annexes sous les numéros suivants :

N° 2. Un contrat avec les Kirghiz.

N° 3. Un modèle de permis de recherches.

N° 4. Un modèle de contrat de concession.

N° 5. La liste de toutes les concessions appartenant à M. Dérow avec les conditions spéciales de chacune.

N° 6. Copie des principaux articles de la loi des mines.

par mois, c'est-à-dire moins d'un franc par jour! Ils logent dans leurs yourtes et sont d'autant plus accommodants pour le salaire, qu'ils peuvent trouver dans le voisinage du lieu où on les emploie des pâturages disponibles pour nourrir leurs vaches. Leur alimentation se compose exclusivement de laitage et de viande, le pain et autres céréales leur étant à peu près inconnus.

Ajoutons encore que l'intelligence du Tatar paraît s'être alliée à la ténacité et à la résistance du Turc, et qu'ils sont susceptibles d'une éducation ouvrière. Nous avons vu à la houillère d'Éki-Bastous des travaux faits exclusivement par eux et très convenablement exécutés.

Évidemment, un tel bon marché de main-d'œuvre, qu'il sera facile à notre avis de maintenir longtemps, introduira dans les prix de revient un coefficient de réduction inconnu dans les pays civilisés, sur lequel nous devons attirer l'attention et qui deviendra un facteur important du régime économique des industries à créer.

Transports.

Nous avons dit que l'Irtisch serait le principal véhicule des produits industriels; mais les divers gisements sont plus ou moins loin de ses rives et il en est qui en sont éloignés de 400 kilomètres.

Une telle distance sans moyens perfectionnés de transport serait prohibitive dans tout autre pays. Il n'en est rien pour la steppe; si elle compte à peine un habitant par kilomètre carré, elle renferme des quantités d'animaux de transports. On n'estime pas à moins de 300.000 le nombre de chevaux qui pâturent en liberté. De plus, les Kirghiz ont aussi nombre de dromadaires et de bêtes à cornes. Il en résulte que les transports s'effectuent à un prix extraordinairement bas. Tous les nombreux renseignements que nous avons pris nous permettent de l'estimer à **un maximum de dix** (1) francs la tonne pour une distance de 100 kilomètres, soit en moyenne moins de 0 fr. 10 c. la tonne kilométrique. Ce tarif sera diminué quand on pourra donner des frets de retour. On voit que pour des produits de valeur comme le plomb et le cuivre, le chiffre de 10 francs par 100 kilomètres n'a rien d'excessif.

Avec les données générales qui précèdent, on pourra apprécier comme il convient les conditions d'exploitabilité des différents gisements que nous avons à examiner dans la deuxième partie de cette étude.

---

(1) Pour faciliter la lecture de cette étude, nous avons ramené aux unités métriques et monétaires françaises les mesures et les prix locaux : comme coefficient de transformation, nous avons pris le poud = 16 kilogrammes et 60 pouds à la tonne.

Le rouble = 2 fr. 66 c.

DEUXIÈME PARTIE

ÉTUDE DES DIFFÉRENTS GISEMENTS

Observations générales.

On pourrait à priori supposer qu'il serait logique de classer les gisements par catégories de minerai; comme ils sont situés à des distances très considérables et devront exiger des centres d'exploitation tout à fait différents, nous avons préféré adopter une classification géographique.

Les gisements sont, en effet, distribués directement au sud de la ville de Pavlodar, sur un vaste rectangle qui compte environ 700 verstes de longueur sur 300 de largeur. Un coup d'œil sur notre carte annexe n° 7 indique que la répartition du gîte minier comporte trois groupes :

Celui d'Éki-Bastous, au nord ;

Celui de Karkaralinsk, au centre ;

Et enfin celui du lac Balkach, à l'extrémité sud.

C'est dans cet ordre que nous les passerons successivement en revue. Bien entendu, nous nous sommes spécialement attaché aux dépôts minéraux suffisamment explorés ou assez caractéristiques par eux-mêmes pour donner lieu à une mise en valeur prochaine. Mais nous devons, dès maintenant, insister sur le fait que l'ensemble de la région est extraordinairement minéralisé, et que le seul fait d'y ouvrir des travaux méthodiques et rationnels amènera, sans contredit, des surprises du plus haut intérêt.

De même nous écarterons de cette étude toute considération d'ordre spéculatif ou théorique, pour rester exclusivement dans le domaine des faits intéressant les conditions industrielles d'exploitation des gisements considérés.

I. – GROUPE DU NORD

MINE DE HOUILLE D'ÉKI-BASTOUS

Formation. — Ce bassin houiller est situé à 140 verstes au N.-O. de Pav lodar et à environ 120 verstes de l'Irtisch. Il paraît reposer au sud sur un rivage de schistes anciens où il s'appuie en pente douce, tandis qu'au nord, il est brusquement relevé par une venue de roches ignées et les bancs houillers sont presque verticaux. Nous avons même constaté un pendage inverse (fig. 3, annexe 9), qui pourrait, à la rigueur, être considéré comme le versant d'un plan anticlinal, d'autant plus que la couche est en ce point d'une épaisseur double : si cette hypothèse se vérifiait pour l'ensemble, le cube de la houillère serait considérablement augmenté ; mais il n'y a pas lieu de s'arrêter à ces considérations que l'avenir éclaircira. Nous allons voir, en effet, que les quantités sont énormes et de nature à répondre à toutes les exigences.

Quantités.

M. Dérow a exécuté pour les explorations du bassin, des travaux assez considérables ; nous ne les décrirons pas ici en détail, pour ne pas surcharger la lecture de ce rapport et nous renverrons simplement à notre plan annexe n° 8 dont la lecture donne des indications très suffisantes.

Si ces travaux avaient été judicieusement conduits, c'est-à-dire si, au lieu de foncer des puits trop rapprochés et d'y faire des traçages sans effet, on avait distribué méthodiquement les prospections, la même dépense aurait reconnu très complètement le dépôt ; mais malgré quelques obscurités qu'on aurait pu éclaircir, les grandes lignes de la formation se dessinent assez nettement pour ne laisser subsister aucune incertitude relativement aux données purement industrielles qui doivent seules nous intéresser.

En effet, la partie verticale, c'est-à-dire le relèvement de la couche se manifeste sans interruption sur une ligne longue de 5.000 mètres et dirigée à peu près Nord 50° Ouest : elle est jalonnée par une ligne de cinq puits (plan n° 8) qui ont tous atteint la couche après avoir simplement traversé une épaisseur de 3 à 12 mètres de mort-terrains !

L'affleurement au bord Sud de la cuvette est reconnu par la série des puits Voscrecenskia à une distance de 3.000 mètres de la partie verticale.

Ne considérons que ce rectangle qui est parfaitement défini, il nous donne pour projection horizontale de la couche une surface de 15.000.000 (quinze millions) de mètres carrés, et comme nous verrons plus loin que l'épaisseur de la couche varie de 28 à 60 mètres (vingt-huit à soixante) : en en comptant seulement trente on arrive au total de quatre cent cinquante millions de tonnes, sans tenir compte des inclinaisons et des plis synclinaux ou anticlinaux dont l'effet doit au moins doubler le cube de la projection horizontale de la couche. En présence de tels chiffres, il n'y a pas lieu d'insister sur le détail ! Le bassin houiller d'Éki-Bastous comporte une richesse houillère énorme, nous ne croyons pas qu'il existe en Europe une accumulation de combustible comparable, au moins comme cube utile dans l'unité de surface.

Qualité.

La quantité étant hors de doute, nous devons définir la qualité du produit. La détermination exacte de cet élément a été relativement plus difficile que celle du cube à cause de la grande épaisseur de la couche et des différences qu'elle présente dans les divers points d'attaque; nous devons les passer successivement en revue, ce qui aura l'avantage de familiariser avec la physionomie du dépôt.

A première vue, celle-ci est très satisfaisante, les charbons sont brillants, bien clivés, durs, d'une parfaite régularité d'allure comme direction et comme pendage. Un examen plus attentif fait remarquer la présence d'un certain nombre de joints schisteux, le plus souvent réduits à l'état de feuillets et qui d'autres fois ont une épaisseur de quelques centimètres. Très rarement ces intercalations ont une largeur suffisante pour constituer un banc; aussi la division du gîte en deux couches distinctes, telle qu'on l'admet dans le pays, ne nous paraît avoir aucune raison d'être.

De plus, on constate des zones dans lesquelles le charbon est barré : on sait ce que les houilleurs entendent par ce mot; ce sont des morceaux dont la teneur en cendres est augmentée par des intercalations de schistes noirs, ou plutôt des charbons impurs intimement confondus avec la masse et qui ne sont pas séparables par triage; ce qu'il y a de remarquable à Éki-Bastous, et ce qui confirme la régularité du dépôt, c'est que ces impuretés sont presque toujours des lamelles en concordance avec les plans de stratifications ou avec les joints du clivage.

Pour qu'on puisse apprécier les procédés que nous avons employés de façon à bien déterminer la qualité et les différences qu'elle présente suivant les régions, nous reproduisons à notre annexe n° 9 les profils exacts à grande échelle de la couche, dans les différents puits où elle a été recoupée transversalement. Dans chacune de ces traverses nous avons pris au moyen d'une rainure, pratiquée sur toute la longueur de la galerie un échantillon général, destiné à donner la moyenne de toute la partie considérée, en n'isolant que les joints schisteux assez épais pour être laissés de côté par l'exploitation, mais comprenant les minces filets ou les barrés qu'un triage grossier pourrait aisément éliminer dans la pratique. Puis nous avons cherché à nous rendre compte des produits qu'on pourrait réaliser industriellement, soit en prélevant des échantillons sur des tas de surface, quand il y avait du charbon extrait, soit en opérant dans la mine même une sélection assimilable à un triage.

Ceci posé, passons en revue les cinq puits considérés :

1° **Le puits Mariewska** se trouve à l'extrémité Est des travaux d'exploitation. Dans cette région, le pendage est entièrement au nord et son inclinaison, plus faible que dans les autres parties de la couche, ne dépasse pas 60°. Le gisement est splendide avec une épaisseur **mesurée horizontalement de 74 mètres presque sans intercalation schisteuse digne d'être signalée! et la galerie est arrêtée en plein charbon.**

On est sûr d'obtenir dans cette région de quoi suffire aux exigences de la clientèle la plus difficile, c'est-à-dire de la houille de 10 à 12 0/0 de cendres, s'il en était besoin. La masse sortira au-dessous de 15 0/0 par la simple sélection des petits joints schisteux.

En effet, l'échantillon moyen de la rainure sur les 52 premiers mètres en

	Cendres.	Matières volatiles.
allant du sud au nord nous a donné.	15,10	44,30.
et sur les 22 mètres du toit	21,80	24,80
De plus, un échantillon pris avec un certain discernement dans les parties les meilleures d'aspect a donné.	7,10	40,40

Ajoutons avant de quitter ce magnifique dépôt, que la hauteur des terrains de recouvrement est moindre de six mètres. C'est évidemment en ce point qu'il y aura lieu de commencer les exploitations.

2° **Puits Vladimirski,** à 3.300 mètres à l'ouest du précédent. Ici, l'épaisseur demorts-terrains est plus considérable et atteint 13 mètres. Mais la formation carbonifère paraît avoir encore plus d'ampleur qu'au puits Mariewska ; le pendage y est plus incliné et double (croquis n° 3 de l'annexe n° 9). La largeur horizontale est de **soixante-seize mètres** et la traverse est arrêtée en plein charbon!

Il est vrai que, ainsi que l'indique la lecture de notre croquis, les intercalations schisteuses y sont plus développées que dans les autres puits; on trouve à 32^m,50 du toit un banc de schiste de 3^m,50 de puissance que les ouvriers estiment être celui qu'ils considèrent comme le mur de la couche du toit, dite Arteminski; à 14^m,10 de ce banc, nouveau brouillage inexploitable de 4^m,20 d'épaisseur, enfin plusieurs filets de 0^m,30 à 0^m,70 de schistes. En défalquant ces parties stériles, il reste encore plus de 60 (soixante) mètres de houille.

Il eût été sans signification de chercher à obtenir la teneur moyenne de cet énorme dépôt. Nous en considérerons les diverses zones.

Depuis l'extrémité nord de la galerie, qui est arrêtée en plein charbon, jusqu'à l'aplomb du puits, c'est-à-dire sur les quinze premiers mètres à pendage inverse, le charbon est incontestablement de bonne qualité; l'aspect ne permet pas de s'y tromper.

	Cendres.	Matières volatiles.
En effet, un échantillon moyen pris sur cette partie de couche nous a donné.	17,70	25,40
mais nous considérons cette teneur comme élevée, car, avec un léger triage, c'est-à-dire en évitant simplement les parties barrées, nous avons obtenu un échantillon très satisfaisant de.	7,10	32,30

Il n'y a pour nous aucun doute qu'on puisse dans ces 15 mètres produire industriellement des houilles de 13 à 15 0/0 de cendres avec une faible élimination.

Au delà du puits vertical on arrive au changement de pente et on constate dans la zone de transition entre les pendages nord et sud abondance de parties schisteuses sur une longueur de 14 mètres dont on retirera peu de bon charbon. Depuis le brouillage indiqué sur le croquis à la 14e sagène jusqu'au banc schisteux de la 20e sagène, le charbon est satisfaisant et quatre essais donnent sur

	Cendres.	Matières volatiles.
12 mètres une moyenne de	15,65	23,70

La zone du sud, dite couche Arteminski est beaucoup plus développée dans cette région qu'aux puits de l'ouest, puisqu'elle compte 32^m,50 de puissance, mais il semble que ce développement exagéré soit dû à un plus grand nombre d'intercalations schisteuses et il ne faudrait pas compter en moyenne plus de 25 mètres

	Cendres.	Matières volatiles.
de charbon de bonne qualité et l'ensemble de quatre analyses nous donne	14	22,30

En résumé cette énorme couche de 76 mètres doit fournir industriellement la moyenne des résultats enregistrés ci-dessus, soit sur 52 mètres, une teneur de cendres qui ne dépassera pas 15 0/0.

On conçoit que, en présence de telles masses, nous négligions le parti qu'on pourrait tirer en d'autres circonstances des parties schisteuses par lavage ou triage minutieux ! Il est évident que dans le cas qui nous occupe il vaut mieux sacrifier 20 ou 26 mètres d'une couche de 75 mètres de puissance que de compliquer l'organisme industriel de préparations mécaniques ou autres.

3° **Au puits Arteminski**, situé à 1.300 mètres à l'ouest du précédent, le facies de la couche est légèrement différent ; la partie à pendage nord n'existe pas, ou du moins n'a pas été reconnue ; il n'est en effet nullement avéré pour nous que le mur de schiste auquel on s'est arrêté ne soit pas une intercalation stérile entre les deux plans de l'anticlinale et que le versant nord ne se trouve pas dans le prolongement. Cette détermination sera une des premières à effectuer quand on commencera les exploitations.

Quoi qu'il en soit, l'épaisseur de la couche traversée est de 30 mètres ; le charbon est un peu plus barré que dans le puits de l'est ; il y a un brouillage à 1 m. 50 c. du mur et vers le toit les joints se redressent et arrivent presque à changer de pendage.

	Cendres	Matières volatiles
L'échantillon moyen pris dans la mine donne . . .	22 »	23,09
Un tas de 60 tonnes environ empilé à la surface contenait.	21,10	23,10

Mais il y avait beaucoup de barrés qu'on aurait pu trier. La qualité est cependant inférieure en moyenne à celle du précédent, et il faudrait admettre deux ou trois unités de plus, soit 19 à 20 0/0 pour le tout venant et 16 à 17 après séparation des barrés.

4° **Le puits Préobrajenski** n'est qu'à 300 mètres à l'ouest du puits Arteminski, et les observations que nous venons de faire sur ce dernier peuvent se reproduire ici. L'épaisseur est aussi de 30 mètres (croquis n° 1 de l'annexe n° 9). Les 10 mètres du mur sont de beaucoup les plus inférieurs comme qualité et l'échantillon moyen prélevé comme nous avons dit ci-dessus a donné :

	Cendres	Matières volatiles
Pour cent.	28,60	22,80
En revanche, les 20 mètres du toit fournissent une teneur beaucoup plus satisfaisante	17,20	26,80
A la surface un tas de plus de 100 tonnes produit par les travaux d'exploration a donné.	16,50	25,10
Des morceaux choisis à la main	5,80	

Remarquons qu'il ne paraissait pas que ce tas ait été l'objet d'aucun triage ; il était composé de gros morceaux et selon nous, l'amélioration de teneur est uniquement due au fait que les parties schisteuses plus friables sont restées avec les menus qu'on a rejetés. Si maintenant on considère les parties choisies c'est-à-dire celles d'aspect les plus engageants notamment dans la partie du toit qui est incontestablement la meilleure, nous trouvons 13,08   26,02

Avec les données qui précèdent, on peut conclure, nous semble-t-il, qu'on extraira industriellement de la région du puits Préobrajenski des houilles toutvenant à 17 0/0 de cendres. C'est la teneur du charbon produit par l'exploitation qui constitue la plus parfaite des prises d'essai. Ajoutons qu'avec une certaine sélection de 12 à 15 0/0 de morceaux barrés on arriverait probablement à baisser la teneur de deux ou trois unités ; nous ne croyons pas que ce triage même soit nécessaire, attendu que le mélange des sortes supérieures provenant des puits de l'est suffira pour toutes les améliorations qui pourraient être réclamées par les besoins du marché.

5° **Puits Voscrecenskia.** — En présence de cette ligne d'affleurements de 5 kilomètres qui sur une profondeur de 30 mètres fournira plus de 12 millions de tonnes de houille à exploiter en carrière, il nous paraît superflu d'allonger encore cette note en parlant du rivage sud du bassin, et des puits Voscrecenskia où la couche affleure avec une pente très douce de 25° environ. Étant donné que cette inclinaison se prêtera moins facilement à une exploitation à ciel ouvert, et qu'on ne sera pas obligé d'y toucher avant un quart de siècle, quelle que soit l'intensité de la production, nous laisserons de côté ces descriptions d'un intérêt spéculatif pour alimenter les revues scientifiques qui décriront plus tard les accumulations énormes de combustible de ce bassin.

Si nous sommes entré dans des développements peut-être un peu longs et fastidieux pour la détermination de la qualité, c'est qu'il nous a paru qu'en face de ce dépôt pratiquement sans limite comme **quantité**, il était indispensable de fixer le principal élément de son développement commercial, **la qualité** du produit.

Les constatations qui précèdent démontrent en résumé qu'on pourra produire industriellement des houilles d'une teneur variant de 10 à 20 0/0 de cendres, suivant les exigences de la clientèle, ou l'opportunité de reculer au maximum les limites du rayon des ventes ; avant de nous occuper de ces dernières, nous devons encore dire quelques mots des propriétés physiques et chimiques du combustible d'Éki-Bastous.

Il rentre incontestablement dans la catégorie des houilles sèches à longue

3

flamme et se rapproche beaucoup sous tous les rapports du type universellement connu du Newcastle.

C'est un charbon à gaz par excellence, et comme conséquence un bon charbon de générateurs, à la condition de brûler les matières volatiles dont la proportion est relativement abondante.

Cette proportion semble augmenter au fur et à mesure que l'on s'avance vers l'est. De 27 0/0 à Préobrajenski et Arteminski, elle atteint, à Mariewski, le chiffre anormal de 40 0/0; mais, dans cette même couche, elle varie aussi du toit au mur et retombe au chiffre moyen de 25 0/0 dans la partie du toit. Nous n'avons eu ni les moyens ni les loisirs de déterminer les lois de la distribution des matières volatiles; ce sera une tâche dévolue à l'exploitation à venir.

Une analyse élémentaire a été effectuée par le professeur Konivalow sur un morceau de houille d'Artéminski, nous la reproduisons ci-dessous à titre de document :

Eau.	4,30	0/0
Soufre.	0,83	—
Cendres	11,94	—
Hydrogène.	3,99	—
Carbone.	8,70	—
Oxygène et azote . . .	70,87	—
Pouvoir calorifique . .	6593.	

Une série d'analyses a été aussi effectuée par le professeur Alexyeff; nous en donnons le détail à notre annexe n° 10 ; on y constatera de grandes variations dans les dosages d'oxygène et d'azote, dont la proportion passe d'un minimum de 9,43 0/0 au chiffre presque trois fois plus fort de 24,76 0/0. Ces variations sont curieuses dans un dépôt aussi homogène comme formation.

Ce qu'il importe de remarquer, c'est que les éléments nuisibles dans les consommations industrielles qui seules nous intéressent, c'est-à-dire le soufre et le machefer qui en dérive dans la combustion, sont en minime proportion. Les cendres sont excessivement blanches, très fines, analogues à des cendres de bois, traversant par conséquent très facilement les grilles et permettant de brûler sans peine même des combustibles de teneur en cendre élevée.

En revanche, il est très regrettable que cette qualité de houille ne se prête pas à la fabrication du coke, et surtout du coke métallurgique; elle est trop sèche pour coller; les menus soumis à la distillation restent en poussière, et les gros morceaux conservent leur structure en perdant leur gaz. Il paraîtrait résulter des analyses que quelques parties de la couche du toit pourraient, à la rigueur, fournir un coke léger; ce sera à vérifier au début de l'exploitation, mais notre impression est qu'il faut renoncer à la fabrication du coke comme débouché.

Débouchés.

Nous croyons avoir suffisamment démontré l'existence en quantité à peu près illimitée d'un combustible très convenable pour les besoins industriels.

Une telle richesse est-elle utilisable et dans quelle mesure?

Tels sont les points qu'il nous reste à éclaircir avant d'aborder l'étude du régime économique que les exploitations pourront comporter.

On nous demandera sans doute, tout d'abord, pourquoi une mine d'une aussi colossale importance, presque à fleur de terre, est restée stérilisée jusqu'à ce jour, et comment elle peut être appelée à être mise en valeur pour ainsi dire du jour au lendemain, quand la veille encore le besoin de ces exploitations ne se faisait pas sentir?

La première locomotive transsibérienne qui a dépassé le méridien d'Éki-Bastous a été le magicien de cette soudaine transformation, qu'un court historique éclaircira complètement..

C'est en 1894 que le comité du Transsibérien préoccupé d'assurer le combustible sur ses immenses parcours a organisé une expédition géologique chargée de trouver les sources auxquelles on pourrait s'approvisionner.

L'ingénieur Krasnopolsky était le chef de la mission chargée d'explorer la Sibérie occidentale ; on lui montra, à Éki-Bastous, de larges affleurements de terre noirâtre, quelques morceaux de charbon superficiels qui n'attirèrent point son attention, et son rapport conclut en faveur du bassin houiller de Kutchicou, que nous aurons à étudier dans la suite de cette note, et qui est situé à 180 verstes sud-ouest d'Éki-Bastous. Mais M. Dérow, qui accompagnait l'ingénieur Krasnopolsky, ne partageait pas son avis, et flairant les richesses d'Éki-Bastous, faisait travailler fiévreusement à ouvrir des puits. Aussi, quand en 1895, une nouvelle expédition fut organisée par le Ministère des Voies et Communications, sous la haute direction du général Pétroff, adjoint du ministre, le général Mestcherin, désigné pour visiter les gisements du bassin de l'Irtysch, fut-il émerveillé du dépôt houiller d'Éki-Bastous. Son rapport, très circonstancié, concluait d'une façon absolue à l'adoption de ce dernier gisement pour l'alimentation du Transsibérien, sur la section de Tscheliabinsk à Kainsk.

Pour le parcours situé plus à l'est de Kainsk, il conseillait les gisements de Kousniesk (1).

---

(1) Ces gisements, qui figurent sur notre carte générale annexe n° 1, faisait partie des propriétés du Cabinet. Il y a quelques années ils ont été affermés à redevance à un groupe moscovite. Ils sont éloignés de 200 verstes du Transsibérien, dans une partie très montagneuse, où le chemin de fer sera d'une exécution difficile et chère.

A la suite du rapport du général Mestcherin, le Comité du Transsibérien décida l'envoi d'une troisième mission définitive avec l'ingénieur Krasnopolsky comme chef de l'expédition et l'ingénieur Meister à titre de géologue.

Ensuite des constatations faites sur place pendant plusieurs mois, M. Krasnopolsky dut revenir sur sa première opinion. Tous deux rédigèrent un rapport et dressèrent le plan général ; on trouvera ces deux documents aux Annexes n°s 11 et 11 bis. C'est à la suite de cette étude complète que le Comité du Transsibérien, sous la présidence de Sa Majesté Impériale, a décidé que le gisement d'Eki-Bastous devait être adopté pour l'alimentation du Transsibérien, et le procès-verbal de cette décision figure au n° 104 du *Messager officiel*. (Copie annexe n° 12.)

Cette digression n'était pas inutile pour montrer que l'intérêt de cette mine ne résulte pas seulement de nos constatations, mais encore qu'il a été hautement apprécié en haut lieu après mûr examen.

Le Transsibérien devant être notre principal client, il est naturel de commencer à déterminer l'importance de sa consommation. Des négociations sont engagées depuis longtemps avec la Direction, à l'égard de ses fournitures. Des essais ont été effectués sur un long parcours et on en trouvera le tableau détaillé à l'annexe n° 13. Les résultats ont été trouvés satisfaisants et supérieurs à ceux des houilles de l'Oural, bien que le tout-venant qui a été livré ait donné 21 0/0 de cendres à la combustion. Un contrat a été signé pour une première livraison de 1.000.000 de pouds (16.000 tonnes) pour 1898, au prix de 12 cop. 1/2 le poud à Omsk, soit 20 francs la tonne. (Copie de la lettre du Ministère et du cahier des charges aux annexes n°s 14 et 14 bis.)

Remarquons seulement à ce propos que la teneur en cendre de 20 0/0 avec faculté de livrer jusqu'à 25 0/0. aussi bien que les grosseurs admises pour le criblage sont des conditions éminemment favorables.

Ainsi que le relate la lettre du Ministre des Voies et Communications, la consommation à venir ne peut pas être fixée définitivement dès maintenant. Mais il résulte de renseignements émanant du bureau central, que la dépense des locomotives sur le réseau est actuellement de 55.000 tonnes ; à ce chiffre que l'extension du trafic doit développer, il faut ajouter les consommations des gares, des pompes, des ateliers, etc., de sorte qu'on peut évaluer au minimum que la clientèle du Transsibérien sera portée à 100.000 tonnes au bout des trois premières années. Enregistrons donc ce chiffre avec le prix de 20 francs à Omsk soit **15 francs** à l'Irtisch. En effet, les principales compagnies d'armateurs ont consenti le prix de 2 copecks 3/4 le poud pour transporter n'importe quelle quantité des rivages de la mine à Omsk. Ce prix correspond à 4 fr. 50 c. la tonne (1).

(1) OBSERVATION IMPORTANTE. — Pendant que cette note était sous presse le Gouvernement a mis en adjudication pour la partie occidentale du Transsibérien qui

Une deuxième clientèle sera la navigation : 25 vapeurs circulent sur l'Irtisch ; ce sont généralement des remorqueurs de 100 chevaux de force ; leur consommation de bois s'élève en moyenne à 56 mètres cubes par 24 heures de marche, ce qui équivaut avec les prix actuels à une dépense de près de 100 roubles, soit 270 francs. Il faudra 13 tonnes environ de charbon d'Éki-Bastous pour le même service. En l'achetant 15 francs à l'Irtisch, chaque vapeur réalisera une économie de 25 0/0 et bénéficiera du temps perdu pour renouveler fréquemment la provision de bois, et de la place occupée pour l'arrimage de ce combustible encombrant. Il n'y a pas de doute que tout le cabotage s'approvisionne de houille. En supposant seulement 1.500 tonnes par navire on aura de ce chef un débouché de 35 à 40.000 tonnes, en dehors de la navigation de l'Obi.

Il faut noter que nos transports de houille seront déjà par eux-mêmes une cause très notable d'augmentation de trafic sur l'Irtisch ; que la navigation de l'Obi elle-même dans les régions au moins en aval d'Omsk utilisera en partie nos combustibles, surtout si on crée des dépôts le long des rives : La question d'approvisionnement des bois même dans les pays qui en sont encore pouvus, est une cause de difficulté à cause de l'irrégularité des exploitations et du manque d'ouvriers permanents pour le charger.

Il faut donc compter le chiffre ci-dessus comme un minimum susceptible de larges augmentations. Nous l'estimons à 50.000 tonnes dans un délai de trois ans.

Reste enfin la consommation des villes telles que Omsk où le bois est excessivement cher et coûte jusqu'à 20 roubles la sagène cubique, soit 7 francs environ le stère (1) ; puis, en étendant le rayon, les usines du versant oriental de l'Oural, telles que Bogoslowski qui sont situées sur des affluents de l'Irtisch et commencent à souffrir sérieusement de la pénurie de combustible, le district de Kachgar où dans moins de quatre ans le bois sera épuisé !... Ne devons-nous pas aussi compter les usines à fer dont nous parlerons plus loin et qui s'établiront dans les propriétés mêmes de M. Dérow... Est-il imprudent d'estimer pour toutes ces consommations diverses **un chiffre de début** de 50.000 tonnes? Nous croyons être bien au-dessous de la vérité.

Tenons-nous-en cependant à ce minimum ; avec les chiffres arrêtés plus haut, il nous donne une base de 200.000 tonnes pour notre marché commercial, c'est plus qu'il n'en faut pour constituer une belle et fructueuse industrie.

Quant au prix de vente de la houille fournie à l'industrie, nous ne saurions

---

nous intéresse, la fourniture de quatre cent mille mètres cubes de bois, équivalents à cent dix mille tonnes de houille. Le charbonnage d'Éki-Bastous pourrait prendre la totalité de cette livraison, si le chemin de fer vers l'Irtisch était construit en temps opportun.

(1) Ce prix qui paraît bon marché comparé aux nôtres est très cher pour la Russie à cause des grandes consommations.

avoir la prétention de le fixer dès maintenant. Cependant, on peut lui assigner une limite qui est déterminée par le coût de la pénétration dans les points extrêmes.

Pour Kachgar, par exemple, la distance par rails est de 800 verstes. Le coût du transport ne saurait être supérieur à celui admis par le Gouvernement pour les houillers du Donetz, soit 1/125 de cop. par poud et verste, c'est-à-dire 0,0129 par tonne-verste, soit . . . . Fr. 10 36
pour le parcours, auquel il faut ajouter le fret jusqu'à Omsk . . . . . 5 »

Soit en total . . . . Fr. 15 36
par tonnne transportée.

Pour l'Oural, le fret jusqu'au centre industriel de Tioumen est de 7 cop. le poud, soit par tonne. . . . . Fr. 11 34
En vendant le charbon d'Éki-Bastous 12 et 13 francs au rivage, il arrivera donc à ces points extrêmes aux prix raisonnables de 27 fr. 50 c. et 24 fr. 30 c. la tonne.!

Ceci, nous donnera comme moyenne des prix de vente :

150.000 tonnes à 15 francs.

50.000 tonnes à 12 francs.

soit 200.000 tonnes à 14 fr. 25 c.

Régime d'exploitation.

Quand nous aurons déterminé le régime de l'exploitation, l'équation industrielle se trouvera complètement résolue.

D'après ce que nous avons dit plus haut, l'exploitation se fera à ciel ouvert pendant de longues années, dans les conditions les plus économiques qui se puissent imaginer.

Une fois la découverte effectuée on aura une carrière de 5 kilomètres de longueur, laquelle, en comptant seulement une épaisseur utile de couche de 40 mètres, fournira 200.000 tonnes par chaque tranche de un mètre de hauteur, soit pour 30 mètres de profondeur, six millions de tonnes!

Sur ces données si exceptionnellement favorables, le régime du prix de revient peut s'établir très facilement comme suit :

Extraction à ciel ouvert . . . . Fr. 2 50
Transport à l'Irtisch 0,02 par tonne kilométrique et sur
   120 kilomètres. 2 40
Supplément de manutention à cause de la nécessité de
   faire des stocks pendant l'hiver. 0 60

A reporter. . . Fr. 5 50

Report. . . Fr. 5 50

Embarquement et débarquement. . . . . 1 »

Commissions et divers, amortissement et décapage super-

ficiel . . . . 1 »

Frais généraux sur 200.000 tonnes . . . . 1 »

Total pour la tonne au rivage de l'Irtisch. . . Fr. 8 50

En tenant compte des conditions de main-d'œuvre dont nous avons parlé plus haut, c'est-à-dire de salaires moyens journaliers inférieurs à 1 franc, tous ces chiffres, notamment celui de l'extraction, sont exagérés et ne seront pas atteints. Sans envisager cette marge bénéficiaire, l'écart entre ce prix de revient et le prix moyen de vente fixé ci-dessus **est de 5 fr. 75 c. par tonne, et le profit dépassera un million par an pour l'extraction** de 200.000 tonnes envisagée pour le début.

Détermination du Working-Capital.

Les installations proprement dites seront réduites au minimum; nous avons d'abord à considérer le décapage des terrains de recouvrement sur toute la longueur de l'affleurement; en comptant 7 mètres de hauteur et 170 mètres de largeur, le cube total sera de : 5.000 $\times$ 70 $\times$ 7 soit 2.450.000 mètres cubes, lesquels, au prix de 0 fr. 30, représentent une dépense de 735.000 francs.

Remarquons qu'il serait tout à fait inutile de découvrir dès le début la totalité de cet immense dépôt; on s'attaquera d'abord aux parties les plus abordables qui, comme à Mariewska et à Préobrajenski, ne comportent que de trois à cinq mètres de découverte. Le surplus sera payé, selon nous, par le prix de revient de 2 fr. 50 qui est très largement prévu; nous ne compterons donc pour ce travail y compris les dépenses de première organisation qu'une immobilisation de Fr. 300.000 »

Nous évaluons la dépense en matériel, wagonnets, pompes, treuils, etc., à . . . . 200.000 »

En logements, outillage industriel . . . . 300.000 »

La plus grosse dépense sera celle de la construction du **chemin de fer de 120 verstes** pour rejoindre l'Irtisch. Un devis a été dressé par M. l'ingénieur Mestcherin comme complément de la mission officielle dont nous avons parlé; on en trouvera la copie à l'annexe n° 17.

Ce devis ne nous plaît pas; il n'est pas établi au véritable point de vue d'un chemin de fer purement industriel; il comporte beaucoup de superflu et le profil des rails est beaucoup trop faible pour un chemin de fer qui doit être à même de transporter 200.000 tonnes dès le début et pour lequel on peut envisager à bref délai un tonnage double.

Aussi conseillons-nous d'adopter au moins le profil de 18 kilogrammes au mètre, au lieu de celui de 12 kilogrammes. La dépense sera du reste plutôt moindre en achetant tout le matériel en Europe et en le faisant venir par l'Obi au moment de la belle saison, soit en juillet ou en août de l'année prochaine. Notre devis ainsi modifié et débarrassé de tout le superflu (voir annexe n° 18) s'élève à . . . . Fr. 2.440.000 »

Il faut prévoir au rivage de l'Irtisch des installations très perfectionnées de chargement : on ne doit pas perdre de vue qu'on n'aura que sept mois pour expédier et que le procédé d'embarquement devra suffire à une manutention de plus de mille tonnes par jour.

Nous affecterons à ce chapitre une somme de 200.000 francs.

La récapitulation des différentes immobilisations détaillées ci-dessus s'élève à . . . . Fr. 3.440.000

Fonds de roulement 560.000 (1)

On arrive pour le working-capital au total de . . . . . Fr. 4.000.000

Nous devons faire remarquer ici combien cette somme est minime relativement à l'importance dévolue à ce bassin de par le double fait de l'ampleur du marché qu'il est appelé à alimenter, et des quantités de houilles pratiquement sans limite qu'il renferme.

Si nous n'avons parlé que d'un écoulement de 200.000 tonnes, c'est que ce chiffre nous suffisait largement comme base commerciale, et que nous éprouvions une certaine répugnance à énoncer des tonnages beaucoup plus élevés qui auraient pu miroiter comme une réclame et tendre à éveiller le scepticisme du lecteur, toujours en garde contre des exagérations! Insistons cependant sur le fait que nous n'avons compté que sur un débouché de 50.000 tonnes, en dehors du chemin de fer et de la navigation !

Or, les seules usines de Bogoslowski consommeraient 3 millions de pouds, soit 48.000 tonnes (2). Les Sociétés importantes qui viennent de se constituer au Kachgar, auront besoin au minimum de 30.000 tonnes ! Voilà déjà nos prévisions presque doublées de ce chef. Et nous ne parlons pas de la petite industrie, moulins, brasseries, etc., ni du chauffage domestique, ni des entreprises métallurgiques qui

---

(1) Le fonds de roulement doit être élevé à cause de l'impossibilité d'expédier pendant la longue période de glace, bien que les travaux doivent continuer autant que possible pour constituer des stocks soit à la mine, soit au rivage.

(2) **OBSERVATION IMPORTANTE. —** Cette étude était sous presse quand une lettre de la direction des Usines de Bogoslowski, en date du 1er décembre, nous apprend qu'elles peuvent consommer jusqu'à 120.000 tonnes par an et que cette industrie est disposée à prendre livraison de tout ce combustible aux rivages de l'Irtisch si le prix et la qualité lui conviennent.

s'organiseront dans le surplus des propriétés minières de M. Dérow, que nous avons encore à décrire!

Aussi, en présence de tels faits, n'est-il pas téméraire d'avancer que l'énorme bassin houiller d'Éki-Bastous nous semble devoir être un des principaux leviers du mouvement économique qui se dessine nettement dans ces immenses territoires, agite les masses latentes d'énergie industrielle enfouie depuis des siècles sous les mornes horizons de la steppe, dont l'expansion va peut-être déverser sur l'Occident, non plus comme jadis des hordes de barbares, mais au contraire le flot de richesses minérales dont ce sol vierge paraît être si abondamment pourvu !

Nous devons, avant de clore ce chapitre, répondre à une préoccupation bien naturelle relativement à la **possibilité d'une concurrence**, dont l'effet pourrait amoindrir notablement les résultats que nous venons d'indiquer.

A cet égard, les enquêtes officielles réalisées successivement par les différentes missions du Comité transsibérien et du Gouvernement semblent probantes quant à l'absence d'autres gisements similaires.

Dans les environs, le seul qui ait été mis en avant, celui de Koutchikou, appartient à M. Dérow. De plus, Éki-Bastous est admirablement placé et aura toujours la supériorité du voisinage de l'Irtisch.

Le bassin de Kouzniesk n'est pas dans le même rayon commercial ; la rivière Tom qui le dessert n'est navigable qu'au moment de la fonte des neiges, et il faut, comme nous l'avons dit, construire plus de 200 verstes de chemin de fer en pays accidenté pour le relier à l'Obi et au Transsibérien. A tous ces titres, il ne doit pas être considéré comme un concurrent.

Le gisement houiller d'Éki-Bastous présente donc tous les caractères de rendement sûr et de fructueux avenir qu'on puisse désirer dans une entreprise minière.

GISEMENTS DE CUIVRE D'ÉKI-BASTOUS

Le bassin houiller d'Éki-Bastous n'est pas la seule richesse minérale du district du sud. A peine s'écarte-t-on de ses rives, c'est-à-dire à moins de six kilomètres de l'alignement des puits Voscrecenskia et à deux kilomètres seulement des dernières apparences de terrain houiller, se manifeste une formation cuivreuse, à à laquelle le nombre et l'étendue de ses affleurements paraît assigner une importance des plus sérieuses.

L'horizon géologique général paraît être une sorte de gneiss, tournant plutôt au micaschiste ; il est traversé par des venues de roches trachytiques dont l'aspect est assez différent suivant les points, tantôt compactes et dures, tantôt blanches, friables, aisément décomposables à l'air et assimilables à de l'eurite.

C'est le cas du premier affleurement que nous avons visité au lieu dit Komoustobi : une sorte de filon-couche de cette roche blanche, plongeant légèrement vers le sud, est injecté de grains d'azurite et de malachite. M. Dérow y avait fait pratiquer quelques fouilles ; mais à cause de la nature aisément décomposable de la roche, les travaux s'étaient éboulés ; on discernait cependant très nettement dans cet horizon une minéralisation verte et bleue qui bigarrait la blancheur de la roche.

Nous avons pris deux échantillons, en écartant grossièrement à la pelle les parties stériles qui n'étaient pas colorées, et nous avons obtenu les teneurs suivantes :

Partie bleue (azurite). . . . . . 7,81 0/0 de cuivre.
— verte (malachite) . . . . 3,28 —

Il est indiscutable que les indices sont en faveur du développement des recherches. La couche minéralisée doit avoir une certaine continuité ; un puits foncé dans le voisinage, après notre départ pour avoir de l'eau, l'a retrouvée, et un nouvel échantillon qu'on nous a adressé a donné une

teneur de. . . . . 5,24 0/0 de cuivre.

Ce gîte est d'autant plus intéressant qu'il n'est pas isolé comme on va le voir, et qu'on constate dans toute la région des émanations cuivreuses excessivement abondantes qui donnent lieu à des sortes de concentration partout où la venue métallifère a trouvé des plans favorables à son dépôt.

C'est ainsi qu'à une verste à l'est, on relève un deuxième affleurement dans un trachite fendillé et solide. Tous les plans de clivage sont tapissés de malachite ; on y a pratiqué un trou d'environ deux mètres cubes ; un échantillon prélevé sur la roche minéralisée a donné : 6,06 0/0 de cuivre.

A quatre verstes du précédent, encore vers l'est, près du lac Karabidaik, nouveau dépôt d'une ampleur plus sérieuse et auquel on pourrait presque attribuer dès maintenant un caractère d'exploitabilité.

C'est un véritable épanchement filonien ayant une direction et un pendage définis (voir le croquis annexe n° 19 bis).

La minéralisation se manifeste sur une largeur de dix mètres, par des imprégnations d'azurite et de malachite dans une roche blanchâtre, siliceuse, qui s'appuye sur un trachite noirâtre et plonge assez fortement à l'Ouest. La partie centrale comporte, sur plus de un mètre cinquante de largeur, un enrichissement manifesté par l'intensité des colorations bleues et vertes et des zones rougeâtres ; cinq échantillons ont été prélevés par nous en différents points suivant les colorations de ce filon ; il est à remarquer que nous avions spécialement choisi les deux derniers comme paraissant les plus riches; ce sont ceux qui ont donné les plus faibles résultats. Ce fait n'a rien d'anormal; on sait combien les colorations d'oxyde de cuivre sont trompeuses; et cette erreur d'optique indique au contraire que la moyenne de la minéralisation est assez constante; ainsi qu'on en jugera par les teneurs ci-dessous:

Grand filon, moyenne	. . . .	7 70 0/0 de cuivre,
Grand filon partie centrale	—	9 45	—
Partie verte	—	6 48 0/0 de cuivre,
Partie rougeâtre	—	7 20	» —
Morceaux choisis	—	7 » » —

Au moment de notre passage nous n'avions pu constater que la fouille la plus au nord, de cinq mètres de profondeur marquée (AB) sur notre plan.

Impressionné par l'allure de ce gisement, nous avions prié M. Dérow de faire quelques recherches supplémentaires pour s'assurer du prolongement du filon vers le sud; depuis notre visite, des tranchées (CD), (EF), (GH) ont été effectuées et ont reconnu la minéralisation en direction sur quatre-vingts mètres ainsi qu'on pourra le lire sur le plan : non seulement le dépôt cuivreux se continue, mais encore il augmente d'amplitude.

Trois nouveaux échantillons ont été prélevés et ont fourni les teneurs suivantes :

Partie centrale du filon	. . . .	10,36 0/0 de cuivre.
— moyenne	. . . .	7,03 » —
Fouille à 25 mètres de AB	. . .	6,72 » —

Fait digne de remarque, ces trois échantillons ont fourni 16 grammes d'argent à la tonne de minerai et des traces d'or.

La constance des teneurs, l'allure et la tenue de l'horizon minéralisé méritent une très sérieuse considération. Sans doute, les renseignements de travaux aussi sommaires et tout à fait superficiels ne permettent pas de conclure encore à l'existence d'un gisement dans le sens industriel du mot, c'est-à-dire d'un dépôt plus ou moins circonscrit auquel on puisse assigner un certain cube de richesses certaines ou probables, avec des limites de teneur; mais il n'en est pas moins vrai que, dans un rayon de quatre verstes, on constate en divers points des concentrations cuivreuses, des affleurements nettement définis, assez importants pour donner lieu à une exploitation susceptible de produire journellement 30 à 40 tonnes à 6 ou 7 0/0 de cuivre.

Si, d'autre part, on prend en considération que ces gisements se trouvent en moyenne à moins de cinq kilomètres du bassin houiller d'Éki-Bastous, qu'ils sont entourés de lacs salés, qu'on aura la houille et le sel à 3 fr.,50 c, ou 4 francs la tonne que, par conséquent, un grillage chlorurant, suivi de dissolution et de précipitation par électrolyse, s'effectueront dans des conditions de bon marché extraordinaire, il paraît très opportun de continuer les recherches tout en commençant à exploiter les affleurements, et de tirer parti de la production qui en résultera dans une petite usine dont l'établissement, pour traiter 30 à 40 tonnes de minerai par jour, serait peu coûteux.

Nous rappelons que, par suite de la proximité d'Éki-Bastous, l'adjonction d'un chimiste et d'un contremaître au personnel technique de la houillère suffira pour assurer la marche de cette sorte de filiale, qui ne saurait entraîner une immobilisation supérieure à 500.000 francs comme dépenses de première installation et de fonctionnement.

Il ne s'agit pas d'envisager ici les bénéfices immédiats que cette dépense pourrait procurer. Notre but, en constituant cet organisme, est beaucoup plus large puisqu'il consiste à démontrer, au moyen de la méthode la plus sûre, c'est-à-dire en passant progressivement du connu à l'inconnu, l'existence possible, nous oserions dire presque probable, d'un gisement soupçonné, lequel, une fois affirmé, peut donner lieu à une entreprise aussi importante que la houillère que nous venons de décrire.

On sait que le cuivre est frappé, à l'entrée en Russie, de droits considérables (environ 600 francs la tonne). La consommation de l'Empire s'élève à 27.000 tonnes, et la production à 5.000 tonnes seulement, provenant du Caucase et de l'Oural. L'importation dépasse 20.000 tonnes, et il nous paraît inutile d'insister davantage sur l'intérêt qu'il y aurait à produire un métal aussi efficacement protégé. C'est une entreprise des plus attrayantes, et les manifestations minérales décrites plus haut sont incontestablement de nature à encourager une tentative dans le genre de celle que nous décrivons.

On dira peut-être qu'on pourrait se borner, au début, à des recherches de mines, puits, galeries, etc., et ne songer au traitement et à l'établissement d'une usine qu'après avoir obtenu des résultats plus concluants au point de vue de l'importance du dépôt. Nous persistons à croire que l'organisation parallèle d'un petit usinage aurait plusieurs avantages ; il familiariserait avec les méthodes de traitement ; il encouragerait les recherches par la constatation des résultats et permettrait un développement plus patient et, par conséquent, plus rationnel. Enfin, il n'est pas téméraire de supposer que le métal produit alimenterait, sinon en totalité, du moins en partie, les dépenses d'exploration. En retirant seulement six unités du minerai qu'on peut produire actuellement au prix de 7 à 8 francs la tonne, on obtiendrait pour plus de 100 francs de cuivre. Or, dans les conditions si particulièrement économiques que nous venons de signaler, il est impossible que le traitement coûte plus de 50 à 60 francs, ce qui laisserait déjà un profit à consacrer aux recherches.

Par ces motifs, nous conseillons très vivement d'adjoindre cette entreprise à la mine de houille, quitte à constituer plus tard une filiale indépendante, si le développement du gisement le permettait.

AUTRES GISEMENTS

La minéralisation dans les environs d'Éki-Bastous ne se borne pas aux gisements que nous venons de décrire.

On peut dire, sans hyperbole, qu'on ne fait pas dix verstes, dans cette étonnante région, sans trouver un affleurement ou une trace de minéralisation. Depuis notre passage, qui a surexcité l'activité des chercheurs de minerais, on nous signale par lettres, avec quelques indications à l'appui et envoi d'échantillons, les gisements suivants :

a) A 20 verstes au nord de la houillère, au lieu dit Tchihili, affleurements de fer et de cuivre.

Analyse de l'échantillon :

Cuivre	1,84 0/0
Fer	12,36 0/0
Résidus siliceux	63,33 0/0
Argent	32 grammes à la tonne.

b) A 30 verstes nord-ouest, deux gisements de cuivre, dont les échantillons ont donné les teneurs suivantes :

Djouvali I. — Cuivre	5,15 0/0	et aussi	9,21 0/0	
Argent	48 gr.	—	48 gr.	
Résidus siliceux .	67,33 0/0	—	66	0/0
Djouvali II. — Cuivre	5,06 0/0			
Résidus siliceux	70,40 0/0			

c) A 60 verstes nord-ouest du lieu dit Dzangabil, on nous envoie un échantillon de roche siliceuse imprégnée de malachyte, **excessivement remarquable, non seulement par sa haute teneur en cuivre, mais encore par sa richesse en métaux précieux.** On en jugera par l'analyse ci-après :

Cuivre	21,70 0/0
Plomb	1,66 0/0

Résidus siliceux. . . . 53,60 0/0
Argent. . . . . . . 1^{kg},637 soit à la tonne de cuivre 7^{kg},544
Or. . . . . 4^{gr},5   —   —   20^{gr},7.

d) A 40 verstes et près de Djouvali I, une nouvelle mine de houille, non loin de la rivière Tchidesta ; l'échantillon expédié a donné 11,20 0/0 de cendres.

e) A 60 verstes, au lieu dit Tastubé, des gisements superficiels d'hématite concrétionnée, dont les échantillons ont donné à l'analyse 50,30 0/0 de fer.

M. Dérow s'est assuré la propriété de ces différentes régions minéralisées par des permis de recherche.

Nous n'avons, bien entendu, aucune appréciation à donner à cet égard, puisque nous n'avons pas vu les affleurements en question.

Nous ne pouvons que constater une fois de plus l'intensité, sans exemple, croyons-nous, des venues minérales sur cet immense territoire. La longue route que nous devons encore suivre sur plus de 700 verstes, vers le sud, est jalonnée sur tout son parcours par des affleurements et des dépôts de tout genre que nous allons passer en revue. La plupart sont insuffisamment reconnus pour donner lieu à des conclusions.

Tout ce qu'il est permis d'avancer, c'est que dans ce champ extraordinairement fertile, les premiers venus doivent être appelés à la plus riche moisson.

II. — GROUPE DU CENTRE

Nous ne pouvons songer à décrire dans son développement la suite de notre marche vers le sud ; cette narration nous entraînerait trop loin et la multiplicité des détails nuirait peut-être au relief des points saillants qui doivent spécialement attirer notre attention, c'est-à-dire aux gisements qui peuvent donner lieu à une mise en valeur industrielle.

Nous franchirons donc sans arrêt 260 verstes au sud d'Éki-Bastous pour arriver à Karkaralinsk, qui est le terminus de la route postale vers le sud, le dernier centre civilisé habité d'une façon permanente.

Construite sur une poussée de granit qui constitue un oasis boisé, au milieu de la steppe, cette petite ville compte 4.500 habitants, dont 1 000 seulement sont chrétiens, les autres sont des Tatars musulmans et des Tjatacks (on nomme ainsi les Kirghiz pauvres qui ont abandonné la vie nomade pour se mettre au service des habitants des villes).

Dans la région de Karkaralinsk, trois gisements principaux doivent attirer notre attention, savoir :

Les mines de fer de Togai,
Le dépôt cuivreux de Sara-Tubé,
Le bassin houiller de Koutchikou.

Nous les examinerons successivement.

MINE DE FER DE TOGAI

Ce gisement est situé entre Karkaralinsk et l'Irtisch, à 54 verstes de la ville et 200 verstes du fleuve.

Non moins remarquable par la quantité que par la qualité de ses produits, ce dépôt n'exige pas de bien longues descriptions.

Disons seulement que des deux côtés de la plaine de Ken-Tubé Togai, large de deux à trois verstes, il constitue des collines de 10 à 60 mètres de hauteur, presque entièrement minéralisées et exploitables en carrière. Dans le mamelon ouest, les parties basses, c'est-à-dire du voisinage de la plaine, sont formées d'oligiste pur. En s'élevant, le minerai passe à l'oxyde magnétique.

Comme les existences visibles se chiffrent par plusieurs millions de mètres cubes, il n'y a pas lieu d'insister sur LA QUANTITÉ.

LA QUALITÉ est remarquablement homogène, ainsi qu'on en jugera par les analyses ci-dessous, qui représentent des échantillons moyens et des morceaux choisis :

		Résidus siliceux	Fer	Manganèse	Phosphore	Soufre	Nature
Ouest.	Moyen.	5,04	64,65	0,45	0,036	0,055	Oxyde magnétique.
	Choix.	2,50	66,41	0,26	0,011	0,055	Oligiste légèrement magnétique.
Est.	Moyen.	1,64	66,84	0,26	0,029	0,082	Oxyde magnétique avec un peu de carbonate de fer.
	Choix.	0,98	67,60	0,32	0,019	0,055	Oxyde magnétique.

Il n'y a donc aucun doute sur l'excellence de la qualité.

Quant au prix d'abattage en carrière, il ne saurait dépasser trois francs la tonne, toutes dépenses incluses. Il n'y a pour ainsi dire à prévoir aucune dépense de premier établissement en dehors de la construction de quelques logements pour les ouvriers et le personnel.

Voyons maintenant si ce gisement si remarquable, est industriellement utilisable et dans quelles conditions ; c'est-à-dire d'une part les éléments économiques de la fabrication du fer et d'autre part la capacité du rayon commercial ouvert au produit fabriqué.

La première question qui se pose est celle de l'emplacement de l'usine. Nous n'hésiterons pas à la fixer sur le rivage de l'Irtisch, près de la petite ville de Simiarsk. Une telle détermination s'impose en effet par les positions relatives des deux principaux éléments de fabrication : le minerai et le combustible. Ce dernier sera jusqu'à nouvel ordre celui d'Éki-Bastous.

Remarquons tout de suite cependant que l'on vient de découvrir des affleurements charbonneux au lieu dit Kara-Burat à 35 verstes au nord-est du minerai de fer. Comme les renseignements que nous donnerons plus bas sur ce gisement sont encore très vagues, il nous est impossible d'en tenir compte pour le moment ; s'il se manifeste ultérieurement, il améliorera les conditions économiques que nous allons déterminer. Nous ne raisonnerons ici que sur la houille d'Éki-Bastous.

Le rivage d'Eki-Bastous n'étant qu'à 160 verstes en aval de Simiarsk ; le fret, y compris l'embarquement et le débarquement, sera au maximum de 3 francs la tonne par chaland : en supposant le prix d'achat à 12 francs (1) nous aurons donc le combustible rendu à l'usine à 15 francs la tonne. Comme ce charbon ne paraît pas devoir donner un coke métallurgique de bonne qualité, il faut envisager pour le haut fourneau la fonte au bois. Or les bois à Sémipalatinsk et en amont sont très abondants et fournissent toute la consommation de l'Irtisch jusqu'au delà d'Omsk. Des renseignements certains nous permettent d'indiquer que le prix du charbon de bois rendu à Simiarsk sera au maximum de 13 francs (treize francs) la tonne (annexe 20).

Le transport du minerai par charrois coûtera dix copecks le poud soit 16 francs la tonne. Il est évident que, dès que l'usine sera installée et produira du fer, il faudra construire un petit chemin de fer jusqu'à la minière. Le prix de transport sera alors réduit à 6 ou 7 francs, c'est-à-dire qu'avec le prix du minerai que nous avons fixé ci-dessus à 3 francs, on aura le minerai à 10 francs (dix) la tonne.

Avec ces éléments, combinés avec le bon marché de la main-d'œuvre les spécialistes calculeront aisément leur prix de revient. Il ne saurait entrer dans le

---

(1) On sait que ce prix laisse à la houillère un très joli bénéfice (voir page 23).

cadre de cette étude de le déterminer en détail. Disons seulement que ces conditions économiques sont comparables aux meilleures, et plus avantageuses que celles de l'Oural où le combustible commence à devenir une source de graves difficultés. Nous admettrons pour fixer les idées qu'on aura la fonte à 60 francs et le fer ouvré à moins de 180 francs !

Le côté industriel étant ainsi établi, sans aucune incertitude, il nous reste à voir si le régime commercial répond aux facilités de fabrication et dans quelle mesure de quantité et de prix on pourra tirer parti des produits de l'usine.

Il est certain qu'*a priori*, il peut sembler étrange d'aller établir une usine presque dans le désert, dans un pays où la population n'atteint pas, comme nous l'avons montré plus haut, un habitant par kilomètre carré. L'examen approfondi de la question montre cependant que l'idée n'est pas paradoxale et qu'on peut, au contraire, assigner à la production du fer de Togai un marché déjà suffisant pour l'alimentation d'une belle industrie, et susceptible dans l'avenir de développements très considérables.

Ce fait, qu'il est important d'établir avec quelques détails, tient à la position relativement centrale de notre production par rapport à cette région sibérienne que nous qualifierons de Sibérie occidentale et aux facilités que nous donne l'Irtisch pour pénétrer dans l'ensemble de ce pays ; sans doute, l'immensité des espaces peut donner l'illusion du vide, de l'absence d'activité et d'énergie, tandis qu'il présente en fait, une sérieuse capacité d'absorption pour les produits industriels et manufacturiers, si on groupe les centres de vie et les agglomérations éparses.

Seulement le point de vue commercial doit être élargi dans la mesure de l'ampleur des horizons, et c'est ainsi que nous aurons à considérer des rayons de près de deux mille kilomètres pour notre marché normal, qui peut se limiter comme suit : la Chine au sud ; à l'ouest, l'Oural ; au nord, l'Océan Glacial ; à l'est, la région du lac Baikal.

Avant de passer rapidement en revue ces zones commerciales et la possibilité d'y accéder, indiquons d'abord comment nous avons procédé pour établir notre enquête et arriver à baser notre opinion.

Nous avons fait écrire une quarantaine de lettres aux négociants notables de toutes les agglomérations du rayon sus-indiqué leur demandant la consommation annuelle du fer dans leur district et le prix moyen de vente. Nous consignons leurs réponses dans le tableau annexe n° 20 *bis* en leur ajoutant deux colonnes donnant la distance des points considérés à notre future usine, le chemin à suivre et le prix approximatif du transport.

Nous n'avons reçu que vingt-deux réponses indiquant un total de consommation en chiffres ronds de 32.000 tonnes. Quelques observations sont intéressantes à enregistrer.

Pour la Chine, M. le Consul Birneman nous indique que, malgré le prix élevé du fer, il est très demandé et qu'en général des marchands souffrent du défaut d'approvisionnement.

Les renseignements venus de Tioumen, dans la zone nord-ouest, n'indiquent que le fer de consommation courante et ne parlent pas de celui qui est employé dans les usines de constructions de navires. Or, nous savons que le plus important de ces industriels, M. Ignatieff, a profité cette année de l'expédition anglaise de l'Obi pour s'approvisionner de fer anglais. Si on observe que Tioumen est dans l'Oural, on peut conclure que la concurrence des usines de ce district n'est pas bien redoutable.

Pour l'Est, beaucoup de lettres ne sont pas revenues, et la consommation doit être bien supérieure puisque nous ne comptons que 9.000 tonnes pour Tomsk.

Il est vrai que pour la fourniture des rails à la partie orientale du Transsibérien, le Gouvernement a favorisé la création d'une usine à Irkoust. Nous ignorons pourquoi le prix du fer qu'elle livre est extraordinairement élevé et atteint le taux exorbitant de 700 francs la tonne. Comme le Transsibérien nous mènera prochainement à Irkoust avec 75 francs de transport, on peut envisager un débouché de ce côté.

Le Transsibérien paye ses rails à l'Oural 251 francs la tonne avec un transport triple du nôtre ; bien que la voie soit posée, les réparations et les garages nécessiteront des fournitures, et on peut espérer des livraisons annuelles que nous n'escompterons pas.

Enfin, on sait que la liaison du Transsibérien à Tachkend est décidée en principe ; cette ligne passera à moins de 200 verstes de nos usines. Il y aura là 1.200 kilomètres de voie à fournir, c'est-à-dire (1) plus de 100.000 tonnes de métal.

Sans envisager cette contingence, il nous paraît démontré par les considérations qui précèdent qu'on peut escompter dès le début un écoulement de 20.000 (vingt mille tonnes). C'est plus qu'il n'en faut pour alimenter une usine, surtout si on tient compte des prix de vente excessivement élevés dans le rayon commercial envisagé.

Si on se reporte à notre tableau annexe n° 20, on lira dans la récapitulation, qu'en supposant le bénéfice des intermédiaires égal à **30 0/0 du prix de vente**, on arrive encore déduction faite du coût des transports au prix de vente à l'usine de **276 francs**, laissant, par conséquent, en chiffres ronds une marge de cent francs par tonne sur notre prix de revient.

---

(1) La création de l'usine de Togai serait probablement décisive au point de vue de la réalisation de ce projet et il y aurait peut-être lieu d'envisager simultanément les deux entreprises.

C'est donc avec les débouchés réduits considérés ci-dessus, un profit certain de 2.000.000 (deux millions) de francs pour un capital qui ne saurait dépasser six millions y compris les 200 verstes de petite voie jusqu'à la mine, qui coûteront moins d'un million si l'usine fournit les rails au prix de revient.

Ces chiffres sont assez suggestifs pour nous éviter plus amples commentaires. Il est difficile d'imaginer une industrie se présentant dans des conditions plus attrayantes, tant au point de vue de l'ampleur du résultat que de l'absence des risques.

Bien entendu, avant de fixer définitivement la position de l'usine, il y aura lieu de prospecter plus complètement les affleurements de houilles de Kara-Burat, dont nous avons parlé plus haut. Voici ce que nous savons à ce sujet.

AFFLEUREMENTS HOUILLERS DE KARA-BURAT

A 35 verstes au nord-ouest du gisement de fer de Togaï, se manifeste une zone houillère d'environ une verste d'étendue, où le charbon se décèle par l'apparence noirâtre des terres. Si on tient compte des roches et d'autres indices moins apparents, la formation paraît se continuer plus loin sur environ trois verstes.

M. Dérow a pris immédiatement les permis de recherches afférents à toute cette étendue.

Comme recherche, il n'a été effectué que deux puisards. Le premier de 6 mètres de profondeur dans une terre charbonneuse noire qui a donné à l'analyse 35 1/2 0/0 de cendres.

Le second puisard a traversé des grès décomposés, puis des schistes argileux et a trouvé, à la profondeur de 3 mètres, un dépôt de $0^m,70$ de terre charbonneuse puis un petit banc de grès et de nouveau une sorte de poussière de charbon dans laquelle on est descendu jusqu'à 6 mètres. L'essai a donné 20,50 0/0 de cendres. On n'avait pas de pompe et les eaux ont arrêté le travail.

Il est impossible de rien conclure sur ces données, sinon à la présence d'une formation houillère et à l'opportunité de continuer les recherches auxquelles le voisinage de la mine de fer attribue le plus grand intérêt.

GISEMENT DE CUIVRE DE SARA-TUBÉ

A 80 verstes environ du nord de Karkaralinsk et tout près du grand lac salé de Kara Sour, dans une région semée de petits monticules, des affleurements cuivreux, importants par leur nombre, leur étendue et aussi l'intensité relative de la minéralisation, se manifestent sur plusieurs verstes en direction grossièrement nord-sud. On constate que quelques travaux ont été effectués à une époque reculée dans ces affleurements. Nous avons, du reste, à l'extrême sud de notre mission, trouvé près de certains gisements de vieilles scories de fusion.

Il est impossible de savoir par quel peuple relativement civilisé ces travaux ont été effectués. Mes compagnons de voyage les attribuent à des Kalmouks. Cette désignation nous paraît ne comporter aucune idée précise sur l'existence de ce peuple, et plus volontiers nous attribuerions ces quelques travaux à des Chinois qui ont bien pu s'égarer dans ces parages. Il importe peu du reste ; la constatation du fait étant seule digne d'être notée.

La minéralisation paraît être la suite d'un accident géologique important. Autant que nous avons pu en juger, un soulèvement aurait mis en présence deux horizons de trachyte et de calcaire, et le contact est rempli d'une roche quartzeuze absolument injectée de malachyte et d'azurite. On a pratiqué quelques fouilles de deux à trois mètres de profondeur et, dans le produit de ces excavations, nous avons retiré, après un triage grossier, un échantillon qui nous a donné une très belle teneur de 17,15 0/0 de cuivre.

Rien que dans les affleurements découverts, on pourrait produire une certaine quantité de ce minerai ; mais la formation, quoique prouvée, a besoin d'être éclaircie, et il faut, avant de se prononcer sur la valeur industrielle du gîte, une campagne de recherches dont l'opportunité est pleinement justifiée par les constatations très intéressantes que nous venons de signaler (1).

Ce qu'il y a de curieux et ce qui donne à l'entreprise une saveur toute particulière, c'est qu'à moins de 20 verstes de cette ligne d'affleurements, existe un nouveau bassin houiller dit de Bess-Tubé dont nous devons parler.

MINE DE HOUILLE DE BESS-TUBÉ

Quelques travaux de recherches y ont été pratiqués par M. Dérow. Nous n'avons pas pu les visiter au moment de notre passage parce qu'ils étaient inondés. Nous en donnons le plan à l'annexe n° 21. Voici, de plus, les indications fournies par l'employé de M. Dérow chargé des recherches.

Trois puits et une rangée de sondages ont exploré une longueur d'environ

---

(1) On trouvera à notre annexe n° 25 une lettre du professeur M. Lebeden relative à un essai de fusion qu'il a réalisé sur un échantillon de ces minerais.

150 mètres. Ces travaux indiquent une série de couches parrallèles dirigées 35° N-E, S-O et plongeant de 44° au sud.

On dit que parmi ces couches il y en a de bonnes. Le seul échantillon que nous ayons pu nous procurer était du schiste charbonneux avec 44 0/0 de cendres. Il est superflu de nous étendre davantage sur ce sujet. Comme ce bassin ne peut avoir d'emploi que pour l'exploitation du cuivre dont nous venons de parler, il suffit de constater que la formation carbonifère et la possibilité de s'y approvisionner d'un combustible quelconque à bon marché.

Ajoutons que le lac de Kara-Sour est salé et qu'on s'y procurera à très bas prix du sel pour le grillage chlorurant des minerais.

MINE DE HOUILLE DE KOUTCHICOU

Encore une belle formation houillère à environ 180 verstes au nord-ouest de Karkaralinsk et à 320 de l'Irtisch. On se rapelle que l'ingénieur Krasnopolsky dans sa première expédition l'avait désigné préférablement au dépôt d'Éki-Bastous pour la fourniture du Transsibérien. Cette houille ne peut avoir que deux utilisations, toutes deux éventuelles : la première est relative à la ligne de Tachkend et sera d'une importance très considérable dès que l'établissement de ce chemin de fer sera décidé. La ligne passera tout près de la concession et non seulement le chemin de fer constituera une excellente clientèle, mais encore il fournira des débouchés du côté de Tachkend où on manque de combustible.

La seconde utilisation dépend de la mise en valeur des minerais de plomb et surtout de cuivre dont on trouve de nombreux indices dans un rayon de 60 verstes autour de la houillère. Nous ne pouvons en tenir compte pour le moment parce que les recherches ne sont pas assez avancées; nous donnerons à titre d'indication les teneurs d'échantillons pris aux différents affleurements :

Lieu dit Djelandi Coul	33,30 0/0 de cuivre.	
Près l'Irchim	4,55	—
Entre Sara-Tubé et Koutchicou.	10,64	—
Atchicoul	12,72	—
A 4 verstes de la mine	13,10	—

Ces cuivres sont argentifères. L'ensemble à donné 216 grammes à la tonne de minerai.

Il est évident que lorsqu'un courant industriel se sera dirigé de ces côtés, tous ces points seront explorés et pourront donner lieu à des exploitations.

En attendant, nous n'avons que deux mots à dire de la formation houillère qui se dessine nettement sur le plan annexe n° 22 auquel nous avons joint une coupe de grande échelle relevée par nous-même.

La formation est horizontale et comprend trois couches, du moins sur une verticale de 16 mètres qui est la profondeur des puits actuels. Il est possible qu'il y en ait d'autres. Celles que nous avons constatées ont des puissances de 1ᵐ,50 à 1ᵐ,80 pour la couche du toit et 1ᵐ,70 pour celle du mur. Ces couches, très régulières comme stratification, ne le sont pas comme composition et présentent des alternances de bon charbon avec des bancs de schiste ou de barré. Nous donnons ci-dessous les teneurs correspondantes aux différents bancs dans les deux puits où nous les avons examinés.

	Cendres.	Matières volatiles.
	0/0	0/0
Désignation du croquis F (annexe n° 22) . .	19,10	18,70
— E	26,00	17,10
— D	39,70	15,80
— C	29,50	21,10
— A + B	25,50	29,50
— H	23,60	24,10
— I + K	20,00	51,40

Il est certain, d'après l'aspect du charbon, qu'un triage améliorerait la qualité qui est très satisfaisante à l'œil. Nous avons pris, comme d'habitude, la moyenne de la couche par une rainure pratiquée sur toute sa hauteur, et dans ces conditions, il est bien difficile d'empêcher des schistes de se mélanger à la houille quand les bancs sont intercalés. D'après le faciès des couches, nous estimons qu'on obtiendrait facilement des teneurs de 15 à 17 0/0.

Il est à remarquer que cette houille se prêterait à la fabrication du coke ; nous en avons ramassé des morceaux boursouflés et parfaitement agglomérés dans les feux allumés autour de nos tentes. L'échantillonnage moyen de ces morceaux de coke n'a donné que 23,60 0/0 de cendres.

AUTRES GISEMENTS SIGNALÉS ET NON VISITÉS

Ne quittons pas cette région du centre sans indiquer, ne fût-ce que pour mémoire et pour diriger les recherches à venir, d'autres gisements qui nous ont été signalés, mais que nous n'avons pu visiter. Nous rapportons telles quelles les indications qui nous ont été données, avec l'analyse des échantillons qu'on nous a remis.

A dix-huit verstes à l'est de Karkaralinsk, au lieu dit Aidaban (Aidarln sur la carte) un filon de cuivre qui aurait été travaillé par les fameux Kalmouks en deux endroits distants de 600 mètres. L'échantillon fourni contenait 19,15 0/0 de cuivre à l'état d'oxyde.

Du lieu dit Karmondjol, à 80 verstes sud-est de Karkaralinsk, le Tatar Hatchikoff apporte des échantillons superbes de plomb carbonaté dans une sorte de tuf décomposé ; il raconte qu'on voit des affleurements sur une distance de une verste : l'analyse a donné 46,72 0/0 de plomb et 550 grammes d'argent à la tonne de plomb.

Enfin, on signale encore une mine de cuivre au lieu dit Ak-Tach, à peu près à mi-distance entre Karkaralinsk et Koutchicou.

Résumé pour la région du Centre.

Le lecteur qui n'a pas jalonné comme nous cette longue route par des relais de tarentass, nuits à la belle étoile ou autres incidents de voyage, risque fort de s'égarer à travers cette étonnante succession de gisements dont l'énumération, bien qu'écourtée, devient singulièrement broussailleuse. Aussi croyons-nous devoir résumer en quelques mots dans quelles conditions générales l'effort industriel sera appelé à s'exercer pour la mise en valeur des richesses diverses que nous venons d'énumérer dans ce que nous avons appelé la région du centre.

Le défrichement de cette région doit compter au moins deux entreprises distinctes :

La première exclusivement affectée à la mise en valeur des mines de fer de Togai ; nous en avons parlé avec assez de développement pour qu'il soit inutile d'y revenir.

La deuxième devra se subdiviser en deux groupes : l'un qui s'occupera plus spécialement des cuivres de Sara-Tubé et autres mines du même rayon avec le gisement houiller de Bess-Tubé qui en est le complément indispensable ; l'autre qui explorera les différentes mines avoisinant le bassin houiller de Koutchicou. Ce dernier groupe aura plutôt un rôle de prospection, puisque les gisements qu'il aura à examiner sont simplement signalés, à peine reconnus, tandis que la première division devra s'attacher à mettre au point le gisement de Sara-Tubé, qui s'affirme déjà presque comme un dépôt utilisable, mais dont les conditions d'exploitabilité sont insuffisamment déterminées.

On nous demandera sans doute quelle somme est nécessaire à l'accomplissement de la double tâche du groupe des cuivres ? Trois cent mille francs bien
employés nous paraissent amplement suffisants ; encore une bonne partie de cette
somme sera-t-elle utilement dépensée pour les exploitations à venir, et devra, par
conséquent, être considérée comme une avance au capital définitif.

Quelle sera l'importance de ce capital ? Il nous est impossible d'en donner
une idée même approximative, puisque les travaux en question ont justement
pour but de fixer l'ampleur des industries à créer, et, par conséquent, de
répondre à ce point d'interrogation.

III. — GROUPE DU SUD

Nous arrivons à la troisième et dernière grande étape de cette longue expédition, celle que nous avons appelée région du sud. La description n'en sera ni
moins intéressante ni moins fournie (nous pourrions presque dire encombrée) de
gîtes minéraux que celle des précédents districts.

Mais avant de l'aborder, il nous semble que nous devons partager avec le
lecteur un sentiment qu'un simple coup d'œil sur notre carte générale éveillera
dans son esprit. Sans doute, cette impression sera moins vive que celle dont les
longues heures de route nous ont laissé le souvenir ; mais elle sera certaine-
ment assez nette pour soulever une objection préliminaire qu'il importe d'éclaircir
avant tous développements : on a déjà compris que nous voulons parler de la
position géographique, de la latitude des derniers points considérés.

Nous allons nous trouver, en effet, à 600 kilomètres de notre point de
départ, à 450 kilomètres de l'Irtisch, à moins de 200 kilomètres de la frontière
chinoise, sur les rives de cette grande mer intérieure qui s'appelle le lac Balkach,
assez peu fréquentée des humains pour que les cygnes sauvages viennent se pro-
mener en paix à vos pieds. La route postale, le télégraphe s'arrêtent à Karkaralinsk, c'est-à-dire à 260 kilomètres plus au nord.

N'est-ce pas folie ou chimère que de venir créer une industrie et même un
faisceau d'industries à l'extrême limite de la steppe ? Le désert ne produirait-il pas

un effet de mirage industriel analogue à ceux dont il nous a si souvent émerveillés ?

Ces questions sont naturelles et nous avons dû nous les poser et les discuter longuement ; disons de suite que nous les avons résolues par l'affirmative, c'est-à-dire par la possibilité de créer pratiquement des exploitations.

Sans doute, il faudra changer le point de vue industriel dont nous sommes coutumiers, adopter un peu l'objectif des chercheurs d'or que le métal précieux attire en n'importe quel point du globe.

Si nous arrivons à démontrer que l'équation économique dans laquelle nous introduirons, dans une large mesure, tous les coefficients de distance et de difficultés qui en résultent, est susceptible de donner un résultat hautement positif, il n'y a pas de raison, nous semble-t-il, pour qu'on ne devance pas la marche de la civilisation et qu'on ne tire pas partie de la fertilité souterraine du désert.

On en jugera par les développements qui vont suivre.

MINES DE GOULCHATE ET ENVIRONS

Le faisceau de ces mines vient s'appuyer sur des collines de gneiss effrités qui forment la ceinture sud du lac Balkach. Est-ce à l'accident géologique qui a causé une aussi formidable dépression de plus de 500 kilomètres de longueur que sont dues les venues métallifères dont nous allons parler ? Le fait est au moins vraisemblable.

Sur une étendue de six verstes au moins, dans la direction parallèle au lac, et sur quatre verstes au nord de ses rives, de nombreuses manifestations minérales se présentent sous les formes les plus variées. Il est intéressant de remarquer que le calcaire y est abondant ; ainsi le grand filon de Goulchate est un véritable filon de contact entre une espèce de diorite et un horizon de calcaire brusquement redressé que nous retrouverons en divers points. Ailleurs, ce sont des pointements de granit avec, dans leur voisinage, des fentes quartzeuses minéralisées ; puis des roches feldspathiques, des gypses, du fer, en un mot, toutes les caractéristiques de bouleversements géologiques concentrés sur une étendue relativement minime. La plupart de ces affleurements sont à peine entamés par des recherches tout à fait superficielles. Notre description devra s'attacher spécialement au grand filon de Goulchate, où une sorte d'exploitation industrielle a déjà eu lieu, et que M. Dérow compte comme une partie importante de son actif minier.

GRAND FILON DÈ GOULCHATE

On se trouve effectivement en présence d'une magnifique venue ;de galène, jalonnée sur plus de 300 mètres de longueur par une série de quatre puits (voir le plan annexe n° 23). Le filon dont la direction générale est nord 30° ouest avec pendage d'environ 75° à l'ouest, est coupé par endroits de fentes ou croiseurs, symétriquement disposés par rapport au méridien, qui produisent comme d'ordinaire de beaux enrichissements !

Ce phénomène s'observe très nettement au puits Makariewska, où le dépôt atteint une ampleur peu ordinaire. On y constate à la profondeur de 60 mètres, qui est le point le plus bas qu'on ait atteint, un front de taille de galène presque pure de 3 mètres de puissance. Aux étages supérieurs, la largeur moyenne entre les épontes atteint souvent une douzaine de mètres de traversée horizontale. Partout la galène est largement disséminée dans le remplissage filonien et il paraît aisé de produire dans la masse minéralisée 20 à 25 0/0 de galène à haute teneur Bien entendu, comme il arrive presque toujours dans ces sortes de gîtes, l'allure en chapelet est manifeste; et nous avons relevé en divers points, des avancements où la stérilisation est presque complète, notamment dans la partie sud de l'étage de 42 mètres. La continuation du dépôt vers le sud est cependant prouvée par le puits Blagovescenski, ce qui prouve bien que les appauvrissements constatés sont localisés.

Relativement au prolongement du filon en dehors de la zone de 300 mètres figurée dans le plan n° 23, on ne peut que signaler des indices minéralogiques Le relèvement du calcaire se poursuit à environ 300 mètres au nord du puits Ivanowska et paraît attester sinon la présence du minerai, du moins la continuation de la formation.

Vers le sud, le filon se voit encore avec une légère minéralisation à 112 mètres du puits Semanowskaia : à 200 mètres plus loin, à peu près dans la même direction, une fouille superficielle montre aussi des traces d'affleurement ferrugineux; mais il serait prématuré de conclure à une extension industrielle du minerai, avant que de plus amples recherches l'aient constaté.

Tel qu'il est reconnu, c'est déjà un beau dépôt qui doit fournir au moins une tonne de galène par mètre carré de filon, bien entendu à la condition d'utiliser tout le minerai par une préparation mécanique,

Nature du minerai.

Le minerai est assez pur, la galène est associée à la pyrite de fer, et contient peu de blende, la proportion de cuivre est insignifiante et est moindre de 0,2 0/0 sur douze échantillons considérés.

Des essais partiels sur la teneur en argent nous ont [donné les résultats variant entre 1.600 grammes et 2^{kg},300 à la tonne de plomb. Une analyse de l'ensemble des échantillons a fourni 2.000 grammes d'argent et 5 grammes d'or.

En 1889-1890, M. Dérow avait organisé un commencement de fusion industrielle dans de petits fours rectangulaires en employant comme combustible une sorte d'herbe broussailleuse carbonisée. D'après le journal de ces opérations :

49 tonnes 380 de minerai ont été fondues et ont donné 22 tonnes 290 de plomb argentifère.

Ce dernier a rendu :

76^{kg},860 d'argent contenant 11 grammes d'or par kilogramme.

La quantité d'argent recueillie correspondrait à une teneur de 3^{kg},450 par tonne de plomb, bien supérieure à celle que nous ont fournie nos analyses,

Cette différence notable s'explique, selon nous, par le fait de la grande quantité de plomb perdue dans cette fusion rudimentaire et de la concentration des métaux précieux dans le métal recueilli, et l'on doit, au point de vue des résultats à venir, s'en tenir aux teneurs de notre échantillon moyen.

Il est à noter qu'il existe sur le carreau de la mine environ 5.000 tonnes de minerai de différentes teneurs provenant des traçages !

Avant de traiter des conditions économiques de l'exploitation de ce gisement, nous devons encore passer en revue tous les autres points minéralisés du district du sud : c'est en effet, non seulement dans le beau filon de Goulchate, mais encore dans l'ensemble des diverses ressources dont nous allons parler, que le centre industriel à créer devra puiser son alimentation.

Nous avons dit plus haut que tous les environs de Goulchate présentaient des affleurements divers et des traces plus ou moins nettes de minéralisation ; nous devons nous borner à une énumération avec les analyses des échantillons recueillis pour ne pas allonger outre mesure cette description : au reste, la plupart de ces points ne sont pas reconnus industriellement et ne peuvent donner lieu qu'à des recherches. Trois d'entre eux seulement présentent un intérêt immédiat : ceux de Blagovecenski, Ak-Jau et Kara-Oba. Pour juger de leur situation respective, on se reportera à notre plan annexe n° 7.

a) Lieu dit **Bakeriewski.** Filon cuivreux de contact entre quartzites et calcaire.

Échantillon sur $0^m,60$ de la partie centrale :

Cuivre : 8,35 0/0 ; argent : 44 grammes à la tonne de minerai.

Roche encaissante :

Cuivre : 1,25.

b) **Sigisbayewska**, à 3 verstes sud-est de l'usine.

Filon de porphyre avec noyaux de galène-épontes de quartzite.

Échantillon de minerais extraits :

Plomb : 26,35 0/0.

Argent : 100 grammes à la tonne de minerai.

c) **Kalmich-Rabot,** à 4 verstes ouest.

Fente ferrugineuse, injectée de plomb, dans un horizon de calcaire.

Échantillon choisi :

Plomb : 20,48 0/0.

Argent : 192 grammes à la tonne de minerai,

d) **Bakiro-Sakinski,** non loin du précédent. Joli dépôt de minerais plombocuprifère près d'un affleurement de calcaire... Serait exploitable s'il y a de la suite.

Échantillon sur $0^m,80$ minéralisés.

Plomb : 17,66 0/0.

Cuivre : 11,17 0/0.

Argent : 336 grammes à la tonne de minerai.

Traces de minéralisation cuivreuse tout autour.

e) **Mamelon des Kalmouks.** Traces indiscutables d'exploitations anciennes ; vieilles scories. Roche schisteuse toute injectée de malachite.

Morceaux choisis :

Cuivre : 12,66 0/0.

f) **Kouziou-Adir,** à 80 verstes au nord.

Gisement de galène dont on a extrait quelques tonnes pour l'ancienne fusion.

Échantillon choisi.

Plomb : 70,40 0/0.

Argent : 736 grammes à la tonne de minerai

g) **Ak-Iregh.** Affleurement de cuivre à 28 verstes à l'ouest.

Belle minéralisation. Traces de travaux anciens.

Échantillon choisi : 42,24 0/0 de cuivre ; 20 grammes argent.

Id.　　moyen : 13,63 de cuivre.

Puisard de 3 mètres de profondeur.

h) **Blagovecenski.** Beau filon nord-sud jalonné, sur plus de 400 mètres de longueur, par divers puisards de deux à six mètres de profondeur ; la roche encaissante est une diorite compacte, et la matière filonnienne un trachyte blanc farineux, décomposé, souvent ocreux, qui contient de nombreux noyaux de galène noyé dans la masse. L'épaisseur du remplissage varie de un à quatre mètres.

Par place on trouve une minéralisation cuivreuse assez abondante. Le zinc y est rare.

Nous avons pris divers échantillons sur environ 200 tonnes de minerai trié provenant des diverses attaques. Ils nous ont donné :

Plomb.	Cuivre.	Argent à la tonne de minerai.
43,52 0/0	»	352^{gr},91
35,22 0/0	»	300^{gr}
20,72 0/0	6,72 0/0	90^{gr}
20,22 0/0	9,15 0/0	104^{gr},91

Un tel filon se prêterait dès maintenant à une exploitation avantageuse et fournirait aisément 20 à 25 tonnes par jour de minerai plombeux à haute teneur. Ce serait un appoint immédiat pour les usines à créer.

i) **Kara-Oba.** Ici la minéralisation comme le terrain changent d'aspect. La plaine a été soulevée et tourmentée par une éruption de granit. Un puits de 32 mètres a été creusé dans un filon presque vertical ; la minéralisation est entièrement sulfureuse, dans une sorte de quartzite verdie par les émanations cuivreuses, qui sont abondantes. Trois échantillons, prélevés sur le minerai extrait du puits, nous ont donné :

Plomb.	Cuivre.	Argent.
28,91 0/0	4,06 0/0	
20,54 0/0	4,48 0/0	284 grammes à la tonne de minerai.
13,44 0/0	2,64 0/0	

Le puits était inondé et nous n'avons pu constater le filon que dans la tranchée pratiquée à l'orifice ; d'après les indications qui nous ont été fournies, l'épaisseur de la minéralisation aurait varié de 0^m,50 à 1^m,30.

Comme dans le précédent, on pourrait organiser là une petite exploitation qui servirait en même temps d'exploration.

j) **Mines d'Ak-Jau.** La formation plombifère prend, en ce point, une importance considérable, qui doit retenir notre attention.

Une large bande de calcaire, appuyée sur un schiste ancien, présente sur un développement de près de 3 kilomètres (annexe n° 24), un ensemble d'affleurements d'une continuité très remarquable, dans lesquelles diverses fouilles ou recherches superficielles ont été pratiquées. La région minéralisée est grossièrement est-ouest, mais n'offre cependant aucun des caractères d'une structure filonienne. Il semble plutôt que la venue du métal a coïncidé avec les épanchements d'une roche plutonnienne qui, n'ayant pas trouvé de plan de moindre résistance pour se faire jour, a déchiré l'horizon calcaireux, comblé les vides et les fissures, métamorphosé par endroits le sédiment en injectant toute la zone soumise à son action.

Peu importe, du reste, la genèse de cette formation originale. Il nous suffit de constater qu'elle est importante comme masse et qu'elle paraît de nature à fournir une extraction assez abondante.

Des fouilles ont été pratiquées dans divers points. D'après les déblais produits dans ces excavations, dont quelques-unes atteignent un volume d'une centaine de mètres cubes, on peut estimer que l'on retirerait de la masse 25 à 30 0/0 de minerai à haute teneur, surtout dans les endroits où le calcaire a été fortement altéré ; dans les parties massives, il est simplement moucheté de galène et la minéralisation est naturellement plus maigre.

Par suite de la dissémination du minerai dans la roche encaissante, un lavage sommaire s'imposera pour tirer du gisement toutes les ressources qu'il comporte. Comme il n'y a pas de pyrite, cette opération sera facile.

Il est à signaler qu'une partie de plomb est à l'état d'oxyde ou plutôt de carbonate. Le zinc qui l'a accompagné a métamorphosé le calcaire en une sorte de calamine, et l'on trouve des morceaux qui présentent une forte proportion de ce métal.

Les échantillons recueillis nous ont fourni les résultats ci-dessous :

	Plomb.	Argent à la tonne de mineral.
Minerai moyen.	16,64 0/0	555 grammes.
Choix	59,13 —	836 —
Partie zincifère.	10,62 —	246 —
Moyenne du minerai produit. .	22,78 —	432 —
Choix	44,41 —	1.208 —

On voit que la teneur en argent varie de $1^{kg},415$ à $3^{kg},343$ par tonne de plomb.

Nous devons signaler que, sur le prolongement ouest de la zone, un Sibérien, M. Popoff, exploite depuis plusieurs années ce minerai qu'il fond dans des sortes de fours à manche pour en retirer l'argent. Il a produit, certaines années, jusqu'à 80 pouds, soit près de 1.300 kilogrammes d'argent.

Les proportions d'argent dont le contremaître de ces exploitations nous a parlé paraissent beaucoup plus élevées que celles accusées par nos analyses; il y a évidemment un phénomène de concentration dans le métal recueilli, de la plus grande partie de l'argent, appartenant au plomb perdu dans la fusion. De plus, il n'y aurait rien d'étonnant à ce que ce minerai fût plus riche en argent; on l'exploite, en effet, non plus dans le calcaire, mais dans le schiste quartzeux sousjacent. Or, nous avons constaté à maintes reprises que, dans les formations de contact entre calcaire et schiste, les galènes déposées dans le schiste étaient beaucoup plus riches en métal précieux que celles condensées dans le calcaire.

Quand on ouvrira des travaux, il y aura évidemment grand intérêt à rechercher le contact du schiste, où l'on a bien des chances de trouver une minéralisation de haute valeur.

CONSIDÉRATIONS GÉNÉRALES SUR LE DISTRICT DU SUD

Nous avons terminé la longue énumération des richesses minérales qui se manifestent, à des degrés divers, dans un rectangle de 100 verstes de longueur et de 40 vertes de largeur au nord de Goulchate et du lac Balkach.

Nous devons maintenant chercher à dégager de cet exposé l'idée pratique qui seule nous intéresse, et montrer, d'une part, dans quelle mesure ces ressources sont susceptibles d'être utilisées, et quels sont, d'autre part, les moyens d'arriver à leur meilleure utilisation.

Tout d'abord, il est évident que ces minerais doivent être transformés, usinés, et, de ce chef, l'existence d'un combustible abondant et bon marché est la condition *sine qua non* de leur mise en valeur.

Il est fâcheux que cette considération primordiale n'ait pas frappé M. Déroff. Il lui suffisait de dépenser une minime partie de son effort pour déterminer exactement ce facteur indispensable, tandis que nous en sommes encore réduits à des conjectures qui demandent à être précisées.

Combustible pour le district du Sud.

La houille existe en différents points à côté de Goulchate, c'est incontestable ; mais elle vient seulement d'être reconnue et nous en attendons les échantillons. A 40 verstes à l'ouest du grand filon et à 10 verstes de la rive du lac, une couche vient d'être recoupée à six mètres seulement de la surface, au lieu dit Sokourkoi. A 180 verstes ouest de Goulchate et à 40 verstes de l'extrémité sud-ouest du lac, des affleurements houillers se manifestent sur 3 kilomètres de longueur ; ils auraient été exploités autrefois, au temps où la grande route de Chine aboutissait au lac et où un bateau à vapeur fantôme, dont nous n'avons pas pu retrouver les traces, transportait les caravanes d'une rive à l'autre.

Nous admettrons donc provisoirement, dans les développements qui vont suivre, l'existence d'un combustible dans le voisinage de Goulchate, sous la réserve du complément d'information que nous donneront les recherches que M. Dérow fait poursuivre actuellement (1).

Position de l'Usine.

Bien que Goulchate soit à l'extrémité du rectangle minéralisé que nous envisageons, le voisinage du combustible et celui du lac assurant en toute saison une eau abondante qui manque ailleurs pendant l'été, fixe sans aucun doute ce point comme emplacement des futures installations.

Ayant ainsi établi la possibilité de l'usinage et l'emplacement qui lui est assigné par les circonstances locales, voyons comment on peut prévoir son alimentation et son fonctionnement.

Régime d'exploitation.

Empressons-nous de faire remarquer qu'il n'entre nullement dans notre idée de songer à créer dès le début un organisme industriel puissant. Deux raisons s'y opposent absolument. Bien que les gîtes soient nombreux et d'aspect fort enga-

---

(1) Remarquons que lors même ce combustible ne donnerait pas de coke, les opérations métallurgiques ne seraient pas gênées ; on peut en effet se procurer à bas prix du charbon de bois à Goulchate en utilisant les bois qui croissent en abondance le long du fleuve Ili, qui est navigable. Il suffirait d'avoir un petit remorqueur et des chalands pour le transporter économiquement sur la rive nord du lac.

geant, leur exploration est trop incomplète pour songer à leur demander dès maintenant une grosse production. De plus, ce serait une tâche chimérique que de songer à mettre en œuvre subitement au fond du désert la force vive nécessaire à une grande industrie.

Notre but serait simplement de donner à ces régions le commencement de vie qui leur convient actuellement.

Or, les gisements considérés valent mieux qu'une Société d'études ou de recherches. Du reste, on ne peut, à notre avis, arriver à connaître une mine métallique qu'en la travaillant. C'est pourquoi nous conseillerions de créer de suite un outillage répondant au traitement de ce que l'on peut aisément extraire des gîtes les plus importants, et à l'utilisation du produit des recherches.

Disons pour préciser que cette usine devrait être, selon nous, en mesure de produire trois à quatre cents tonnes de plomb d'œuvre par mois ; et si on se reporte aux descriptions qui précèdent, ce serait un jeu de l'alimenter avec l'ensemble des gîtes Goulchate, Blagovescenski, Kara-Oba et Ak-Jau !

Essayons maintenant de donner un aperçu des données économiques sur lesquelles on pourra baser l'appréciation des résultats à venir.

Dans les divers gisements considérés, les minerais portés à une teneur de 35 à 40 0/0, soit par un triage soigné, soit, en certains points, par des lavages sommaires, ne sauraient coûter en moyenne plus de 20 francs la tonne au chantier.

Ceux des mines éloignées de Goulchate, Ak-Jau, par exemple, seront grevés d'un transport maximum de 8 à 10 francs par tonne, de sorte que si l'on passe à la fusion parties égales des minerais de Goulchate et ceux des autres mines, le coût moyen à l'usine sera de 25 francs par tonne, ci.. . . . . Fr. 25

Nous croyons être très large si, avec des minerais de telles teneurs, nous évaluons les dépenses d'usinage par tonne à . . . . Fr. 30

Comme il nous faudra trois tonnes de minerai pour une tonne de plomb d'œuvre, celui-ci nous reviendra à l'usine à . . . . Fr. 165
A ce prix il faudra ajouter les dépenses d'affinage et de transport, soit :

Affinage . . . . Fr. 40
Transport à l'Irtysch 50
Forêt jusqu'à Omsk 7
Transport jusqu'à Nijni. 50 147

Soit pour le coût total des produits marchands . . . . Fr. 312

Mettons en parallèle la valeur des métaux :

Avec les droits de protection sur le plomb en Russie (1), le prix de vente de

---

(1) Ce droit est de 16 francs par tonne pour les produits bruts et 32 francs pour les produits ouvrés.

300 francs est un minimum, même dans l'hypothèse d'une baisse de cours. En admettant seulement les teneurs de 2.000 grammes d'argent au cours de 0 fr. 08 c. et 3 grammes d'or utilisable, nous aurons pour la valeur totale de la tonne de notre plomb d'œuvre 475 francs, nous laissant 160 francs de marge pour couvrir les frais généraux, suffira au développement des recherches et à l'intérêt des sommes immobilisées.

Ce n'est pas ici le lieu de donner le détail du capital à engager; indiquons seulement que le programme restreint que nous établirons en temps opportun, pourra être mis en œuvre avec une somme maximum de quinze cent mille francs.

Nous rappelons que le véritable objectif de ce programme n'est pas de réaliser un profit immédiat; il serait insuffisant pour justifier l'effort; on ne va pas s'installer au fond du désert pour obtenir de son argent un dividende ordinaire.

Le seul but qu'on doive se proposer est de mettre progressivement en lumière, dans les meilleures conditions, les richesses souterraines, que les premières prospections font entrevoir. Si la capacité des gîtes répond aux espérances, on aura alors devant soi des masses capables d'alimenter un outillage considérable qui s'installera non seulement pour fournir à la Russie les métaux qu'elle importe, mais encore pour déverser le trop plein sur l'Occident par la route de l'Obi! Entre temps, on aura appris le chemin de la steppe, on se sera familiarisé avec les conditions d'existence de ces lointaines régions, et le développement de l'industrie ne comportera ni incertitudes, ni dangers.

Si, contrairement aux apparences, la minéralisation en profondeur trahit l'opinion que nous donnent ses manifestations extérieures, le capital ainsi engagé ne sera pas perdu; les ressources actuellement constatables suffiront à le rémunérer convenablement et à l'amortir dans un temps donné. La tâche perdra le caractère attrayant d'aujourd'hui, mais rentrera dans la catégorie des entreprises normales, d'autant plus que, comme on le verra dans les considérations qui vont suivre, cette tentative sera une sorte d'annexe des industries qui s'établiront dans le surplus des propriétés minières de M. Dérow.

CONCLUSIONS

Nous arrivons au terme de la mission qui nous était assignée, heureux si nous avons pu présenter sous son véritable aspect, la physionomie des innombrables gisements que nous avons visités.

Bien que nous ayons formulé des conclusions de détail après l'examen de chaque district, il nous paraît indispensable d'établir entre les diverses parties de cette étude un lien qui servira de guide au capital dans le rôle qui lui incombe présentement.

Il ne s'agit de rien moins en effet que de défricher industriellement un pays grand comme les deux tiers de la France et d'avoir non seulement à lutter contre les difficultés inhérentes à toute entreprise minière, mais encore à vaincre la pesanteur et l'inertie résultant de l'éloignement, de la solitude, de l'absence de toute civilisation. Il est vrai que nous aurons comme contre-partie, avec la grandeur du résultat, l'appui d'un Gouvernement éclairé et soucieux de tout ce qui concerne les questions industrielles, dont le chef suprême a témoigné de la sollicitude toute particulière qu'il porte aux intérêts sibériens en acceptant d'ajouter aux titres de son omnipotence celui de Président de la grande commission sibérienne!

La tâche sera cependant complexe; voyons comment nous la comprenons :

Arriver avec des capitaux considérables, remuer à la fois toutes ces masses minérales serait un but séduisant pour des races plus entreprenantes que la nôtre, pour le génie anglais par exemple, qui se plaît à ces entreprises grandioses et sait les mener avec un superbe brio. Il est bien possible que l'événement justifie cette marche audacieuse. Mais ces procédés ne sont pas dans les mœurs de nos capitaux et personnellement, nous sommes partisans d'un régime plus pondéré, d'une allure plus lente, mais incontestablemment plus sûre au point de vue du résultat.

Avec cet objectif plus restreint, la tactique se dessine comme suit :

Entre toutes, une industrie s'impose, immédiate et fructueuse, CELLE DE LA HOUILLÈRE D'ÉKI-BASTOUS.

On doit l'aborder énergiquement et sans retard. Le Transsibérien, les industries de l'Oural guettent ce charbon. Il faut accaparer ces marchés, les inonder, pour prendre possession du territoire industriel, pour décourager les entreprises similaires qui pourraient toujours chercher à s'établir bien que nous ayons indiqué que la concurrence soit peu à craindre.

Sur cette industrie, qui sera puissante dès le début, on greffera les recherches et petites exploitations de cuivre dont nous nous avons tracé le programme page 28.

La question DE L'USINE DE FER DE TOGAI paraît à peu près mûre, nous avons dit cependant qu'il fallait encore la campagne prochaine pour la mettre parfaitement au point.

Ce complément d'études, effectué sous la direction du haut personnel de la houillère, n'entraînera pas de grandes depenses, et il y a toute probabilité pour que dans les derniers mois de 1898, on puisse établir cette deuxième industrie sur des bases solides.

LES AUTRES MINES DU CENTRE BESS-TUBÉ, etc., sont insuffisamment prospectées.

Il serait naturel qu'une deuxième brigade entreprît ce travail. Une trentaine d'hommes, répartis en trois groupes bien dirigés sur les points les plus intéressants, fourniraient assez d'indications pour qu'on puisse décider pendant l'hiver prochain s'il y a lieu de commencer des travaux plus sérieux, suivant les indications que nous avons formulées pages 39.

Reste le DISTRICT DU SUD qui est déjà d'un accès plus difficile à une distance considérable des précédentes entreprises. Nous ne voudrions pas risquer d'énerver l'effort de ces dernières en le disséminant. Nous conseillerions de constituer dès maintenant pour cette région un groupe distinct qui s'attacherait pendant la belle saison prochaine à recueillir tous les éléments d'information dont nous avons signalé l'absence, notamment sur la question du combustible, étudierait les détails du programme dont nous avons tracé les grandes lignes, de façon à l'entreprendre en 1899.

Bien entendu, cette filiale serait rattachée assez intimement aux industries du nord pour profiter de toutes les facilités et des économies résultant d'une administration générale et d'une haute direction commune. Mais son champ est assez large pour qu'elle puisse envisager une existence relativement indépendante même dans la période de début que nous lui avons assignée.

En résumé, la marche que nous conseillons consisterait à augmenter le capital nécessaire à la mise en valeur de la houillère d'environ 1 million et demi à 2 millions de francs.

Cette somme serait affectée :

1° A développer les gisements de cuivre d'Éki-Bastous comme nous l'avons dit pages 27 et suivantes;

2° A mettre au point la question du fer de Togaï;

3° A effectuer dans les mines du centre le complément d'exploration voulu pour préparer la première période d'exploitation;

4° A éclaircir la question du combustible de Goulchate en attendant la constitution du groupe du sud;

5° A une catégorie de dépenses dont nous n'avons pas encore parlé. Il s'agit de l'entretien d'une équipe de reconnaissances sommaires pour les gisements qu'on signalera à tout instant surtout dans les premiers temps.

6° Enfin à constituer un fonds de réserve indispensable quand on opère dans des champs aussi vastes, si fertiles en minerais de tous genres.

On a vu que depuis notre passage cinq ou six nouveaux affleurements ont été découverts dont certains ont fourni des échantillons d'un haut intérêt.

Il est impossible de songer à chiffrer le rendement des sommes affectées à ces diverses utilisations. Nous croyons cependant que si on a bien voulu suivre avec attention les développements qui précèdent, on estimera avec nous que, sans aucun optimisme, le groupe houiller recevra de ce supplément de capital, des profits dont l'estimation peut être mesurée à l'ampleur des horizons et aux succès qu'on est en droit d'attribuer aux diverses entreprises auxquelles ces dépenses préliminaires seront affectées.

Nous ne voulons pas terminer cette étude sans donner ici à M. Dérow un témoignage de sincère gratitude pour l'aménité de ses rapports avec nous et pour l'organisation de notre expédition dans des conditions de célérité presque invraisemblable. En vingt-six jours, soit du 15 août au 10 septembre, nous avons parcouru deux mille six cents kilomètres, dont un millier en pays désert, privé de toute route postale ; ce trajet, défalcation faite des arrêts, correspond à une vitesse moyenne de deux cents kilomètres par vingt-quatre heures, et a nécessité la mobilisation de 396 chevaux. Sans cette organisation parfaite, nous aurions dû employer au moins trois mois pour l'accomplissement de notre mission.

Nous nous plaisons à espérer que M. Dérow trouvera dans le résultat des exploitations futures la juste récompense de son labeur persévérant et des sommes relativement considérables qu'il a dépensées pour la création de ce royaume minier.

C'est encore pour nous un devoir que de remercier M. le Gouverneur de Pavlodar et toutes les autorités administratives et municipales des districts traversés, de leur bienveillant concours et d'une réception chaleureuse qui s'adressait évidemment moins à notre personne qu'au citoyen français.

De pareils témoignages ne sont pas seulement flatteurs pour notre patriotisme. Ils méritent encore d'être enregistrés comme un encouragement et un motif de plus de détourner une parcelle de notre activité et de nos capitaux au profit de populations aussi sympathiques, qui attribuent à notre concours le plus grand prix.

Paris, le 18 décembre 1897.

J. DE CATELIN.

Les analyses des 125 échantillons que nous avons rapportés ont été faites au laboratoire et par les soins de M. L. Campredon, chimiste-métallurgiste, essayeur du commerce, expert près les tribunaux, ancien chef du laboratoire des usines métallurgiques de Fourchambault-Imply, de Trignac, etc., à Saint-Nazaire (Loire-Inférieure).

DÉTAIL DES ANNEXES

NUMÉROS DES ANNEXES	DÉTAIL DES ANNEXES
1	Carte générale de la Russie avec la route de l'expédition.
2	Contrat avec les Kirghiz.
3	Modèle de permis de recherches.
4	— d'acte de concession.
5	Liste des concessions Dérow.
6	Copie des principaux articles de la loi des Mines.
7	Carte à grande échelle de la position des groupes miniers.
8	Plan des travaux d'Éki-Bastous, échelle 1/10000e.
9	Coupe des couches de houille à grande échelle :
	Croquis n° 1. Préobrajenski.
	— 2. Arteminski.
	— 3. Waldimirski.
	— 4. Mariewski.
10	Copie des analyses du professeur Alexyeff.
11	Extrait du rapport Krasnopolsky et rapport Meister.
12	Copie du Messager officiel (N° 104).
13	Tableau officiel des essais du charbon d'Éki-Bastous par le chemin de fer Transsibérien.
14 et 14 .bis	Copie de la lettre du Ministre et Cahier des charges.
15 et 16	Notices géologiques publiées par MM. les Ingénieurs Meister et Krasnopolsky.
17	Devis de chemin de fer par M. Mestcherin.
18	— — M. de Catelin.
19	Plan de recherches du cuivre Éki-Bastous.
20	Prix de revient du bois dans le district de Sémipalatinsk.
20 bis.	Tableau statistique de la consommation du fer dans le rayon de l'Irtisch.
21	Plan des mines de houille de Bess-Tubé.
22	Plan de recherches de Koutchicou.
23	Plan à échelle réduite du grand filon de Goulchate.
24	Plan de recherches d'Ak-Jaü.
25	Essais de fusion du professeur Lebeden sur les minerais de cuivre de Sara-Tubé.

SOMMAIRE

Pages.

AVANT-PROPOS. 3

PREMIÈRE PARTIE. — Généralités.

Géographie. 5
Topographie. 6
Géológie. — Population 7
Régime de la propriété et des concessions. 8
Question ouvrière. — Transports 9

DEUXIÈME PARTIE. — Description des Gisements.

Observations générales. 11

I. — GROUPE DU NORD. 12
    Mine de houille d'Éki-Bastous. 12
    Gisements de cuivre d'Éki-Bastous. 25
    Autres gisements 29

II. — GROUPE DU CENTRE 30
    Mine de fer de Togaï 31
    Affleurements houillers de Kara-Burat 35
    Gisement de cuivre de Sara-Tubé 35
    Mine de houille de Bess-Tubé. 36
    Mine de houille de Koutchicou. 37
    Autres gisements signalés. 38
    Résumé pour la région du Centre 39

III. — GROUPE DU SUD. 40
    Mines de Goulchate et environs 41
    Autres mines : Blagovecenski. 45
       —   Kara-Oba. 45
       —   Ak-Jau. 46
    Considérations générales sur le district du Sud 47

CONCLUSIONS. 50

IMPRIMERIE CHAIX, RUE BERGÈRE, 20, PARIS. — 24794-12-97. — (Encre Lorilleux).

www.ingramcontent.com/pod-product-compliance
Lightning Source LLC
Chambersburg PA
CBHW050530210326
41520CB00012B/2513